海南省自然科学基金青年基金项目（424QN274）资助
2023年度海南热带海洋学院引进人才科研启动项目（RHDRC202311）资助

高温环境下聚合物的水解与热解行为研究

赵 霞 著

中国矿业大学出版社
·徐州·

内 容 提 要

本书系统探讨了聚乳酸(PLA)和聚对苯二甲酸乙二醇酯(PET)在高温环境下的水解与热解行为，并对聚乙烯(PE)和聚丙烯(PP)混合物的成分定量分析方法进行了系统研究。通过深入的实验研究和理论分析，为聚合物的环境友好处理、回收利用以及成分定量分析提供了重要的参考，能推动塑料的可持续发展和环保技术的应用。

本书可供相关专业的研究人员借鉴、参考，也可供相关专业广大教师教学和学生学习使用。

图书在版编目(CIP)数据

高温环境下聚合物的水解与热解行为研究 / 赵霞著.
徐州 ：中国矿业大学出版社，2025. 7. — ISBN 978-7
-5646-6891-4

Ⅰ. TQ31

中国国家版本馆 CIP 数据核字第 20259WU444 号

书　　名 高温环境下聚合物的水解与热解行为研究
著　　者 赵　霞
责任编辑 何晓明　田午子
出版发行 中国矿业大学出版社有限责任公司
（江苏省徐州市解放南路　邮编 221008）
营销热线 (0516)83885370　83884103
出版服务 (0516)83995789　83884920
网　　址 http://www.cumtp.com　**E-mail**:cumtpvip@cumtp.com
印　　刷 苏州市古得堡数码印刷有限公司
开　　本 787 mm×1092 mm　1/16　**印张** 5.25　**字数** 103 千字
版次印次 2025 年 7 月第 1 版　2025 年 7 月第 1 次印刷
定　　价 22.00 元

前　言

本书系统研究了高温环境下聚乳酸(PLA)和聚对苯二甲酸乙二醇酯(PET)的水解与热解行为,以及聚乙烯(PE)和聚丙烯(PP)混合物的成分定量分析方法,旨在揭示聚合物在极端条件下的分解机制及动力学特性,为聚合物材料的生产、应用和可持续回收提供科学依据。

在PLA的研究中,采用熔融毛细硅管反应腔(FSCR)结合拉曼光谱分析,观察了PLA在水相和无水环境及高温(最高285 ℃)下的分解过程。研究结果表明,PLA在水解和热解过程中初始熔融温度约为170 ℃。红外光谱分析显示,PLA热解产物主要包括CO_2、$CH_3CH{=}C{=}O$和CH_3CHO,表明其热解过程受自由基反应主导。拉曼光谱峰面积比变化揭示,PLA水解主要涉及C—O—C和C—C—O键的断裂,生成乳酸、乙醇、CO_2和H_2O,且水解速率随温度升高呈现S形变化趋势。动力学分析表明,PLA水解过程符合Logistic模型,活化能为75.7 kJ/mol。

针对PET,通过原位观察和拉曼光谱分析,在石英管中研究了PET在高温(最高330 ℃)下的水解降解行为。研究发现,PET在升温至250 ℃时,C(O)—O和C—C峰强度发生显著变化,材料结构也随之改变，与 PET 的熔点的变化规律一致。等温（220～250 ℃）条件下，固态 PET 缓慢发生水解，在 240 ℃保持 1 h 后开始熔融，熔融后降解速率显著加快。PET 降解遵循“热溶解-碎片水解”两阶段机制，降温至 150 ℃时主要生成对苯二甲酸（TPA）固体和乙二醇（EG）液体。动力学分析表明，PET 的降解速率符合 Logistic 模型，活化能为 135 kJ/mol。

在 PE-PP 混合物的研究中，采用傅里叶变换红外光谱（FTIR）对共混粉末进行定量分析。研究发现，PE 在 722 cm^{-1} 和 734 cm^{-1} 处的峰面积与 PP 在 843 cm^{-1}、975 cm^{-1}、1 164 cm^{-1} 和 1 380 cm^{-1} 处的峰面积比值呈现显著的线性关系，分别符合 $y=0.85x-0.32$、$y=3.99x-0.42$、$y=1.81x-0.081$ 和 $y=0.73x-0.008\,6$ 的方程关系。

本书全面揭示了不同聚合物在高温环境下的水解与热解机理，拓展了聚合物降解行为的研究深度，为材料科学研究、工业生产优化以及可持续回收利用提供了重要的理论基础和技术指导。

感谢海南省自然科学基金青年基金项目（424QN274）和 2023 年度海南热带海洋学院引进人才科研启动项目（RHDRC202311）对本书的资助。另外，本书得以顺利出版，离不开海南热带海洋学院崖州湾创新研究院、海南热带海洋学院海洋科学技术学院以及课题组诸位老师的大力支持与帮助，在此表示衷心的感谢！

由于水平有限，书中不妥之处在所难免，恳请广大读者不吝赐教。

著　者

2025 年 5 月

目　录

第1章 绪　论

随着科技的飞速发展，人类物质生活水平得到了显著提升，但地球的自然环境却面临日益严峻的危机。资源的过度开采和消耗导致原生资源逐渐枯竭，而生态环境的恶化加剧了这一问题解决的紧迫性。在经济全球化的背景下，地球资源已成为全人类的共同财富。如何实现资源的合理高效利用、减少废弃物排放，推动自然生态系统的良性循环，已成为全球关注的焦点。

要破解这一难题，首先需要深挖问题的根源。传统经济模式以高消耗、高排放为代价，难以为继。只有从粗放型经济向集约型经济转变，从线性经济向循环经济转型，才能有效缓解经济发展、资源消耗和环境保护三者之间的矛盾。尤其是对于资源丰富但人均占有量低的中国而言，合理高效利用现有资源，不仅是实现可持续发展的关键，也是保持经济长期增长的必然选择。

自 20 世纪 40 年代以来，随着石油工业的快速扩张，石化工业迎来了发展的黄金期。大量合成聚合物（如塑料、橡胶和纤维）的工业化生产，不仅推动了现代工业和生活方式的转型，也为人类创造了丰富的物质财富。然而，这些聚合物材料的广泛应用每年也产生了数以亿吨计的垃圾。这些废弃物既是一种潜在的宝贵资源，又可能对环境构成严重威胁，现代经济学家将其称为“人类的第二矿藏”。合理回收利用这些资源，可以缓解原生资源短缺的压力；反之，若任其污染环境，则会给生态系统带来不可逆的损害。

在这一背景下，聚合物的回收和再利用已成为全球关注的重要课题。这一课题不仅关乎环境保护，而且涉及经济结构的优化和资源利用效率的提升，是实现可持续发展目标的关键路径（钱伯章 等，2008；汪海 等，2009；王恩洪 等，2010）。

1.1 塑料回收的意义

塑料是一种广泛应用的聚合物材料，根据特性可分为热塑性塑料和热固性塑料。热塑性塑料在加热时会软化并具有流动性，冷却后则变硬成型，其分子结构呈线型或带支链特征，分子链之间未形成化学键；而热固性塑料经过固化后结构稳定，既不能重新熔化，也无法溶于溶剂，其固化前为线型或支链结构，固化后则形成三维网状分子结构。

热塑性塑料占全球塑料消耗的绝大部分，约为 80%。其主要品种包括低密度聚乙烯（LDPE）、高密度聚乙烯（HDPE）、聚丙烯（PP）、聚氯乙烯（PVC）以及聚酯（PET、PBT）等。这些塑料被广泛应用于各类生活和工业场景，如生产容器、包装材料、薄膜、购物袋等。特别是在一次性消费品领域，如饮料瓶、塑料餐盒和包装袋等，这些产品在使用后通常被直接丢弃，成为垃圾的重要组成部分。据统计，塑料废弃物约占垃圾总质量的 8%，体积占比更高达 18%，其中塑料包装制品占比接近 40%。

传统的废塑料处理方式以填埋为主。然而，随着填埋空间的逐步减少及处理成本的提升，填埋方式暴露出不可持续的局限性。同时，人们的环保意识不断增强，认识到简单填埋既浪费资源，又可能对环境造成长期威胁。为此，塑料回收逐渐成为一种重要且必要的解决途径。理论上，所有热塑性塑料都可以实现回收利用，但当前全球范围内废塑料的实际回收率仅为 5%～25%。随着世界人口的增长和塑料消费的持续增加，废塑料的回收与再利用不仅是迫在眉睫的环境问题，而且更是未来发展中的巨大机遇和挑战。

中国作为全球塑料消费大国，早在 2008 年塑料消费量就已超过 5 000 万 t，占全球总量的 20%，位居世界第二。近年来，伴随经济的快速增长，中国塑料消费量已跃居全球第一。然而，这种巨大的消费需求导致原材料供应面临严重缺口。研究表明，回收处理 1 t 废塑料可以节约约 3 t 的石化能源，并减少 1 t 二氧化碳排放。因此，加快废塑料回收利用，不仅有助于在短期内缓解国内塑料原料供应不足的困境，填补约 25%的缺口，而且从长远来看还能有效降低环境污染，减少废弃物排放，减缓对自然资源的过度开采，并推动资源的高效循环利用。这一战略措施在环境保护和可持续发展中具有不可替代的重要意义（张从容 等，2001；庾莉萍，2006；刘峰 等，2007；金离尘 等，2008；杨俊辉，2008；李瑞芳，2009；朱道平，2009；钱伯章，2010；张燃，2010）。

1.2　塑料回收利用的现状

废塑料的回收利用已经成为全球关注的重要课题，各国在这一领域的实践与成效各不相同，反映了经济发展水平与资源管理理念的差异。

美国作为世界主要的塑料生产和消费大国，早在20世纪五六十年代就开始研究废塑料的回收利用。到2005年，美国的塑料消费量已达到5 100万t，并且废塑料的回收利用率在20世纪末已超过35%。其中，聚烯烃废塑料的回收率最高，达到61%，聚氯乙烯的回收率为13%，聚酯的回收率为11%，聚苯乙烯的回收率为10%，其他塑料回收率则仅为5%（庾莉萍，2006；钱伯章，2010）。日本由于资源匮乏，对废塑料的回收利用始终持积极态度。自20世纪80年代起，日本政府通过立法推动循环经济模式的实施，并在混合废塑料的回收和再利用技术方面取得了显著进展。目前，日本废塑料的总体回收利用率已达到60%以上，处于国际领先地位。瑞士则是欧洲塑料瓶回收领域的先驱，其废塑料瓶回收率已超过80%，远高于欧洲其他国家20%～40%的平均水平。瑞士政府要求生产企业必须达到至少75%的回收率才能获得塑料瓶的大规模生产许可。这种严格的监管模式推动了瑞士在塑料瓶回收处理技术上的卓越表现，成为全球废塑料回收利用的典范。

相比之下，中国作为全球最大的塑料生产与消费国之一，在废塑料回收利用领域仍面临诸多挑战。2008年，中国塑料消费总量达到5 194.4万t，其中废塑料回收利用总量约为1 600万t，包括900万t国内回收（回收率仅为20%）和700万t进口废塑料。尽管如此，中国也已经形成了一批规模较大的再生塑料回收交易中心和加工集散地，主要集中在广东、浙江等塑料加工业发达的省份。注册在案的塑料再生企业超过1万家，回收网络覆盖全国，为行业发展奠定了基础。

然而，与发达国家相比，中国废塑料回收利用仍存在显著差距。首先，回收率较低；其次，相关法律法规不够健全，全民环保意识尚待提升。此外，中国废塑料回收利用技术相对单一，主要依赖机械回收，而发达国家则已实现工业化和多样化处理，包括机械再生、热分解、化学降解和焚烧等。这些先进技术能够将废塑料转化为多种产品，如塑料制品、燃料（柴汽油）、化工原料和能源等。相比之下，中国仍处于完全依赖机械回收的初级阶段，难以充分挖掘废塑料的再生价值（朱道平，2009）。

综上所述，废塑料回收利用是一个充满挑战但也充满机遇的领域。中国需要在完善法规、提升技术水平和加强环保意识等方面继续努力，以缩小与发达国家的差距，推动塑料回收利用行业迈向高质量发展。

1.3 塑料回收的分类方法

废塑料的回收利用技术随着社会需求和环境压力的增加而不断发展，主要分为四大类，每种方法在应用范围和效果上各有不同（Al-Salem et al.，2009；Siddiqui，2009）。

工业废料的直接再利用是一种初级回收方法。它主要针对工业生产过程中产生的单一聚合物废料，如边角料和碎屑，通过简单的工艺直接加工成塑料产品。这种方法操作简便、成本低廉，但仅适用于未受污染的纯净废料，无法处理混杂或含有其他物质的塑料废弃物，因此使用范围较为局限。

常见的回收方式是机械回收，这种方法通过物理加工将塑料废弃物转化为再生颗粒，用于塑料制品的生产。机械回收的典型流程包括对废塑料进行分类、清洗、粉碎、熔融、过滤等步骤。然而，这种方式对塑料的纯度要求较高，污染严重或成分复杂的塑料难以高效处理。此外，聚合物在反复熔融过程中会逐步降解，导致材料的物理性能显著下降，因此机械回收的塑料通常只能应用于低要求的领域。

化学回收是废塑料利用的一种更复杂但潜力巨大的方式。通过改变聚合物的化学结构，化学回收能够将废塑料转化为新的化工原料或能源产品。热分解是化学回收中的重要方法，它通过高温将塑料废弃物裂解为小分子化合物或气体。具体而言，高温分解能够在惰性气体中生成高热值的气体，同时伴随少量液体和固体副产物；气化分解是在有限的空气条件下进行的，生成燃料气体，但需要处理副产物（如炭渣）；加氢分解则是在氢气条件下使废塑料裂解，尽管效率较高，但这一技术尚未进入工业化阶段。化学分解的其他方法，如水解、醇解和氨解，能够将聚合物分解为单体或低聚物，用于生产新材料。与机械回收相比，化学回收可以处理混杂的废塑料，但其复杂的工艺和较高的成本限制了大规模应用。

能量回收是一种重要但存在争议的回收方式。通过焚烧废塑料，能量回收可以将其转化为热能、蒸汽或电力。塑料燃烧时释放的热值可达 41～46 MJ/kg，与汽油的能量水平相当，这使得焚烧成为一种快速而高效的处理方式。此外,焚烧能显著减少废塑料的体积,通常可减少90%~99%。然而,焚烧过程中会产生包括二噁英、氯化氢和二氧化碳在内的有害物质,对环境构成潜在威胁。因此,焚烧通常被视为一种“最后的选择”,仅在其他回收方式不可行时采用。

总体而言,不同的回收方式在技术难度、经济成本和环境效益上各具特点。选择合适的方法需要综合考虑废塑料的种类、污染程度以及可用的技术条件,以实现废塑料资源的高效利用和环境保护的平衡。

1.4 聚合物的应用与回收现状

1.4.1 聚乳酸的应用与回收现状

聚乳酸(PLA)是一种来源于可再生资源(如玉米、小麦和大米)的生物聚合物,以其环保性能、生物相容性和可加工性等特点受到广泛关注。PLA不仅可生物降解、堆肥,还能够通过回收再利用,从生产到降解全过程中显著减少二氧化碳排放(Dorgan et al.,2001)。此外,PLA的生产能耗比传统石油基聚合物低25%~55%,未来有望进一步降低至10%以下(Rasal et al.,2010),这使得PLA兼具环境和经济优势。

PLA在生物医学领域的应用尤为突出,其生物相容性是主要吸引力。作为生物相容性材料,PLA不会对局部组织产生毒性或致癌作用,其降解产物也不会干扰组织愈合过程,因此被广泛用于医疗设备、植入物等领域(Rasal et al.,2010)。与此同时,与其他生物聚合物[如聚羟基链烷酸酯(PHA)、聚乙二醇(PEG)和聚己内酯(PCL)]相比,PLA表现出更好的热加工性,可以通过注塑、吹塑、薄膜挤出、纤维纺丝等多种方式加工成型(Auras et al.,2004;毕晨曦,2020)。

尽管PLA具有许多优点,但其韧性较差、降解速度慢、材料疏水性强等缺点仍然限制了其在一些领域的应用。不过,通过技术改良和与其他材料复合,这些问题正在逐步得到解决,使PLA的潜在应用前景更加广阔。

近年来,PLA的成本竞争力不断提升,加之公众对其环保特性的认可,其工业应用呈现快速增长。PLA的工业应用大致分为两类:耐用消费品和非耐用消费品。耐用消费品指使用寿命超过三年的商品,如汽车部件、家用电器和医疗设备;非耐用消费品则包括包装材料、短期医疗用品和一次性服务用品。

在某些情况下，二者之间可能存在功能交叉。PLA 的具体应用领域包括医疗、纤维与纺织品、包装、环境修复等多个方面。

尽管 PLA 的可降解性广为人知，但其回收利用仍至关重要，尤其是在全球塑料包装领域回收率仅为 14%、废塑料交易量不足年度新塑料产量 5%的背景下（Velis，2014）。欧盟提出，到 2030 年实现所有塑料可重复使用或回收，这为 PLA 的回收研究提供了政策推动力。目前，PLA 的回收方法主要包括机械回收和化学回收。机械回收通过熔融再加工实现，但存在熔体黏度变化、材料泛黄和性能下降等问题，导致 PLA 回收材料性能劣化，限制了其高价值利用（Hopmann et al.，2015）。

相比之下，化学回收以解聚为乳酸或二乳酸的方式为 PLA 的循环利用提供了更优选择。这种方法不仅可以克服机械回收的劣化问题，还能通过更高效的能量利用途径降低生产成本。例如，与通过葡萄糖发酵生产乳酸相比，从 PLA 化学回收乳酸更加节能（Piemonte et al.，2013b）。不过，化学回收仍需要解决工艺简化、成本降低和复合材料成分分离等技术难题，但随着技术进步，化学回收将为 PLA 的完全循环利用提供重要支持（毕晨曦，2020）。

未来，随着全球对可持续发展和绿色技术的关注加深，PLA 的回收利用技术将迎来更广阔的发展空间，不仅可以推动资源的高效利用，还能减少环境污染，为塑料污染问题提供长效解决方案。

1.4.2 PET 的应用与回收现状

聚对苯二甲酸乙二醇酯（PET）是一种性能优异的热塑性聚酯材料，是全球聚酯行业的重要组成部分。PET 的生产通过对苯二甲酸或其二甲酯与乙二醇反应生成中间体，然后通过自缩聚制得。其分子结构稳定，分子量通常在 20 000～30 000 之间，赋予其良好的机械性能和加工适应性。

随着全球经济的快速发展，PET 的需求量持续增长，当前年需求量已突破 4 000 万 t，其中中国市场占据一半以上，年消费量超过 2 000 万 t。PET 的主要应用领域包括纤维、薄膜和包装材料，约三分之二的 PET 用于生产涤纶纤维，其余用于生产包装材料和工业制品。最初，PET 因其优异的纺织性能迅速取代尼龙，成为合成纤维的主导材料。后来，其在包装领域的应用也取得突破。PET 由于具有较高的强度、良好的气体阻隔性和尺寸稳定性，同时生产能耗远低于玻璃等传统材料，因此被广泛用于饮料瓶、食品包装和工业薄膜等领域。目前，中国用于制造瓶用聚酯的年消费量已超过 300 万 t，几乎覆盖了所有矿泉水瓶和饮料瓶的需求。

PET 饮料瓶的稳定供给和高回收价值使其成为 PET 回收的核心来源。废 PET 瓶被认为是仅次于铝的高价值再生资源，这推动了 PET 回收技术的广泛应用。当前，机械回收是处理废 PET 瓶的主要方法，通过物理工艺将废塑料转化为再生颗粒，用于生产涤纶短纤维。发达国家在这一领域处于领先地位，如美国和日本，用于再生涤纶纤维的 PET 分别占其回收总量的 60%以上和 50%以上。近年来，中国再生 PET 纤维产能也显著提升，但相较于 PET 包装材料消费量的快速增长，再生纤维的市场需求增长相对平缓，废 PET 瓶的供给已远远超过再生纤维的需求，迫切需要开发新的回收利用路径(王兴原等，2013)。

然而，机械回收技术存在诸多限制。机械回收通常采用"开环回收"的模式，即废 PET 瓶被转化为与原产品用途不同的材料(如瓶→纤维→服装)，无法实现同类产品的循环生产。随着回收次数的增加，PET 的性能会逐步退化，包括分子量下降、黏度减小以及杂质含量增加，这导致材料最终无法再利用。尽管"瓶到瓶"技术在近年来有所突破，通过机械回收生产的瓶级再生切片可部分用于饮料瓶生产，但其比例通常低于 15%，仍未实现完全闭环回收。

相比于机械回收，化学回收(如水解、热解、醇解等)被视为解决 PET 完全循环利用的关键方法。化学回收通过解聚技术将 PET 分解为原始单体或其他化学物质，这些产物可以被重新用于制造 PET 或其他聚酯材料，实现真正意义上的闭环回收(汪海 等，2009；钱伯章，2010)。早在 20 世纪 50 年代，发达国家就开始研究化学回收技术，并取得了显著进展。随着市场对 PET 材料功能化要求的增加，复合 PET 材料(如共聚物和涂层材料)的使用量快速上升，这些复杂材料使机械回收难以奏效，而化学回收则提供了解决方案。然而，化学回收技术仍面临一些挑战，包括简化工艺流程、降低成本以及对复合材料中其他组分的有效回收利用。

未来，随着技术的不断创新，化学回收将为 PET 的资源化利用提供更广阔的可能性。这不仅能够缓解废塑料带来的环境压力，而且还将推动资源的高效循环利用，实现经济效益和环境保护的双赢(王兴原 等，2013)。

1.5 聚合物的降解

1.5.1 PLA 的降解

聚合物的降解是在化学、物理或生物作用下，分子键的断裂和随后的化学转化，导致材料性能发生变化的过程。作为一种广泛应用的可降解聚合物，聚乳酸（PLA）在不同环境中可能经历性能的显著变化，如开裂、变色或腐蚀等，这些现象通常与聚合物主链或侧链的断裂密切相关（Wilkie，2005）。用 PLA 制成的产品在使用过程中会暴露于各种环境条件下，这些条件决定了其降解的程度和方式，从而影响其使用寿命和性能表现。对于具体的应用场景，PLA 的降解特性可能是一种优势，也可能成为限制。例如，对于覆盖薄膜或受污染的包装材料，其可降解性有助于环境保护；而在需要长期使用的商业用途中，则需要通过技术手段改善其稳定性和降解性能。PLA 聚合物的降解过程可以根据引发剂的不同分为水解降解、光氧化降解、热降解、臭氧诱导降解、机械化学降解和生物降解（Xing et al.，2012）。在这些降解类型中，水解降解和热解降解成为 PLA 研究中最受关注的两个方面，是因其对材料性能和使用寿命有显著影响。

PLA 的水解降解是其暴露于湿气或水中时发生的主要降解机制，通常涉及聚合物主链中酯键的断裂。这一过程会导致分子量显著降低，并释放出可溶性的低聚物和单体（Chu，1981）。水解过程受水分子在聚合物结构中的扩散速度与断链反应速率之间相对关系的影响。若断链反应速率快于水分子扩散速率，则水解主要发生在聚合物与液体的界面，表现为样品表面逐渐变薄，但内部特性（如分子量和结晶度）基本保持不变。相反，若水分子扩散速率更快，则水解会随机发生在整个聚合物本体中，导致分子量整体均匀下降，同时生成的低聚物和单体通过扩散逐步排出，形成侵蚀现象。这种侵蚀现象持续到扩散与化学反应之间达到动态平衡。

在水解降解过程中，副产物（如羟基和羧基）的积累可能引发内部自催化作用，加速降解反应。通常，水解从聚合物的无定形区域开始，因为这些区域更易被水分子渗透，随后引发酯键的裂解并加速整体降解。值得注意的是，在水解过程中可能会出现分子量的双峰分布现象：聚合物的核心区域降解较快，而表层变化相对缓慢。当低聚物足够小并扩散均匀时，水解反应趋于平衡

(Woodruff et al.,2010)。

PLA分子链中酯键的水解机理清晰地展示了其动力学特性和降解行为的内在机制。如式(1-1)所示,水解过程涉及水分子与酯键的反应,导致链断裂并生成特定副产物。对这一过程的深入研究有助于理解PLA在不同环境条件下的降解规律,为其在环境友好材料和耐用性需求中的应用提供理论基础。

$$—COO+H_2O \longrightarrow —COOH+—OH \tag{1-1}$$

在加工过程中,PLA容易发生热降解,这种现象会导致其分子量显著下降,从而影响材料的流变性能和机械强度。热降解不仅决定了PLA的加工质量和使用寿命,还在评估材料的耐热性能、优化加工工艺(如挤出和注射成型)以及探索不同应用领域中起到关键作用。因此,深入理解PLA的热降解机制,对于改进其性能具有重要意义。

热降解的本质是分子链的断裂,这一过程通常包含两种主要反应机制。这两种机制在降解过程中可以同时发生,并对降解的结果产生不同影响。一种是分子链的无规则断裂,即沿链的任意位置发生断裂,导致分子量的降低并生成较短的链段。另一种是链端的C═C键断裂,这种链端降解会逐步释放单体或小分子挥发性产物(Obuchi et al.,2010),化学反应式为:

$$M_n^* \longrightarrow M_{n-1}^* + M \tag{1-2}$$

$$M_{n-1}^* \longrightarrow M_{n-2}^* + M \tag{1-3}$$

$$M_n \longrightarrow M_x + M_y \tag{1-4}$$

链端降解通常从聚合物的末端开始,并通过自由基反应依次裂解生成单体单元。这种过程被称为解聚反应,是加成聚合中链增长步骤的逆反应。在链端降解中,聚合物的分子量随时间缓慢降低,同时释放出大量的单体。与此不同,无规则降解在聚合物链的随机位置发生,不需要活性位点的参与,通常生成较低分子量的片段,而不会产生单体(Eriksen et al.,2013)。

PLA的热降解受多种因素影响,包括初始分子量、水分含量以及聚合过程中残留的催化剂(Degée et al.,1997)。初始分子量越高,材料在热解中的稳定性通常越好;而水分和催化剂的残留会加速降解反应,降低材料的加工性能。此外,加工条件(如温度、加热速率和压力)也会显著影响降解速率及产物分布。

通过合理优化PLA的加工工艺,可以减小热降解的影响,从而提升产品的性能和可靠性。这一研究为PLA在不同加工场景中的应用提供了重要的理论支持,同时为材料的热稳定性改进指明了方向。

1.5.2 PET的降解

聚对苯二甲酸乙二醇酯(PET)的降解方法主要分为机械回收和化学回收两类。这两种方法旨在将废弃的PET转化为可重复利用的材料或单体,以实现资源的循环利用。机械回收是最常见的PET回收方式,包括废PET的收集、粉碎、造粒以及再生产等环节。这种方法适用于品质较高的PET废弃物,但由于机械回收难以处理复杂或受污染的材料,所以其应用范围受到限制。化学回收是一种更为彻底的PET处理技术,利用化学试剂作用于PET分子链中的羰基碳原子,使聚合物发生断链,分解为小分子单体和低聚物。这些产物可以重新用作PET或其他聚合物的原料,具有较高的资源利用价值。化学回收可以通过多种方式实现,包括醇解、糖解、水解、氨解和胺解等,其中水解技术近年来备受关注(Paszun et al.,1997;Karayannidis et al.,2007)。

水解是PET降解中一种重要的化学方法,通过与水反应生成对苯二甲酸(TPA)和乙二醇(EG)。根据反应条件的不同,水解可分为酸性水解、碱性水解和中性水解(Paszun et al.,1997)。中性水解采用水或水蒸气作为介质,反应通常在200～300 ℃、1～4 MPa条件下进行,PET和水的质量比为1∶2到1∶12之间。在这一过程中,PET与水反应生成TPA和EG,同时副产物对苯二甲酸-乙二醇单酯(TPA-MEG)在95～100 ℃条件下易溶于水,而TPA不溶于水,从而实现分离。中性水解的优势在于避免了酸碱水解对设备的腐蚀以及无机盐的生成,但TPA的纯度可能因PET杂质残留而低于其他方法。研究表明,添加锌盐催化剂可以提高PET的解聚速率,但提升幅度有限,工业应用的进展仍需要优化(Tsuji et al.,2008)。酸性水解在硫酸、磷酸或硝酸等酸性溶液中进行,温度一般为60～100 ℃,可在无压条件下操作。PET在硫酸中解聚生成TPA和EG后,产物需要通过中和、稀释等步骤提纯。酸性水解的优点是对设备要求较低、操作简便,但其缺点是易腐蚀设备且会产生大量无机盐和废水,限制了其大规模应用(Cristina et al.,2018)。碱性水解采用NaOH或KOH溶液(浓度为4%～20%)在210～250 ℃、1.4～2 MPa条件下进行,生成TPA的钠盐或钾盐(TPA-Na_2或TPA-K_2)。该方法对污染较重的PET废弃物具有较强的适应性,且成本低于醇解。研究显示,在反应前对PET杂质进行预处理可以提高TPA产物的纯度。此外,采用水与醇的混合溶液作为介质可以进一步降低TPA盐的溶解度,从而提高回收效率(王兴原等,2013)。

近年来，水解技术的工业化进程取得了一定进展。例如，采用五步法将 PET 解聚为 TPA 和 EG，第一步在 200～280 ℃条件下进行水解，随后通过降温、干燥和精馏回收 EG，并进一步加热分离固相产物获得 TPA。通过该工艺获得的 TPA 和 EG 纯度较高，可用于生产高质量聚合物(Drumright et al.，2000)。

总体而言，水解技术在 PET 化学回收中具有重要地位，但各类水解方法仍面临效率和成本的限制。未来的研究应聚焦于优化反应条件、提高产物纯度以及开发更环保的工艺，以推动其在工业化中的应用。

1.6 聚合物高温水解与热解研究的内容及意义

聚合物的高温水解与热解是材料科学中的重要研究课题，对于揭示聚合物的降解机理、优化加工工艺及推动资源回收具有深远意义。在高温条件下，聚合物的分子链发生断裂及化学转化，直接影响其结构稳定性和性能表现。这类研究不仅为材料性能的优化提供了科学依据，还为塑料废弃物的降解与回收利用提供了技术支持，特别是在推动环境友好型材料开发和循环经济建设方面具有重要价值。

聚乳酸(PLA)作为一种重要的可降解聚合物，其水解与热解特性直接影响其在生物降解领域及工业加工中的应用。本研究采用熔融毛细硅管反应腔(FSCR)结合拉曼光谱技术，开展了 PLA 在高温和不同湿度条件下的降解行为研究，通过对特征峰强度变化的观察，获取了 PLA 在降解过程中分子结构的演变规律及降解路径的相关数据。同时，结合动力学分析方法，对其降解过程中的活化能及反应速率进行了系统评估。这些数据为优化 PLA 的加工性能、提升材料使用寿命和适应性提供了重要的理论支持。

聚对苯二甲酸乙二醇酯(PET)作为一种工业化高分子材料，其高温水解降解过程在回收与再利用中起着关键作用。本研究通过原位拉曼光谱技术及显微观察手段，系统探讨了 PET 在高温条件下的分解行为，获得了其降解过程中分子结构变化、主要反应路径及产物生成规律的数据。同时，采用动力学模型对降解过程的热力学参数进行了拟合与分析，为 PET 的高效回收和资源再利用提供了科学依据。

本研究围绕 PLA 和 PET 两种典型聚合物，结合先进的实验技术与理论分析，系统研究了其高温水解与热解行为，获得了分子结构变化、反应路径及动力学特性等方面的关键数据。这些研究不仅深化了对可降解和可回收聚合物降解机制的理解,还为推动绿色材料的发展及资源循环利用提供了重要的理论支持,对实现聚合物的高效应用与环境友好发展具有重要意义。

第2章　实验概述

2.1　高温原位可视反应平台

该实验系统由熔融毛细硅管反应腔(FSCR)、温控平台、拉曼光谱仪和光学显微镜等组成,如图 2-1 所示。光学显微镜(Leica S9i)配备 5 倍物镜和 20 倍目镜,视野直径为 12 mm,提供了足够的观察范围;拉曼光谱仪型号为 Andor Shamrock SR500i,搭载 Leica DM2700 显微镜,配有 20 倍超长焦物镜,激发光源为波长 532 nm、功率 300 mW 的 Nd:YAG 激光器,确保了高质量的拉曼光谱数据采集。温控平台(Linkam CAP500)具备高精度的温度控制,误差仅为±0.01 ℃,能够精确调控实验过程中的温度条件。此外,为了进一步分析热解和水解反应后的产物,实验中还使用了傅里叶变换红外光谱仪(Nicolet iS50)。

实验中,FSCR 的制备首先通过氢氧焰封闭毛细管的一端,将样品置入毛细管。对于热解实验,样品被放置在毛细管封闭端的 FSCR 中,随后用氢氧焰封闭毛细管的另一端,以确保反应腔与外界环境隔离。在水解实验中,水被注入 FSCR 并通过离心使水流至封闭端,随后将毛细管封闭端浸入冰水,再用氢氧焰封闭毛细管另一端,完成 FSCR 的封闭处理。

在实际实验过程中,FSCR 被放置于温控平台上,通过结合立体显微镜与拉曼光谱仪,实时监控反应进程。实验中可设置升温速率、降温速率和保温时间,并在升温过程或保温阶段进行拍照或拉曼光谱数据采集,从而实现对反应动态的精准监测与分析。

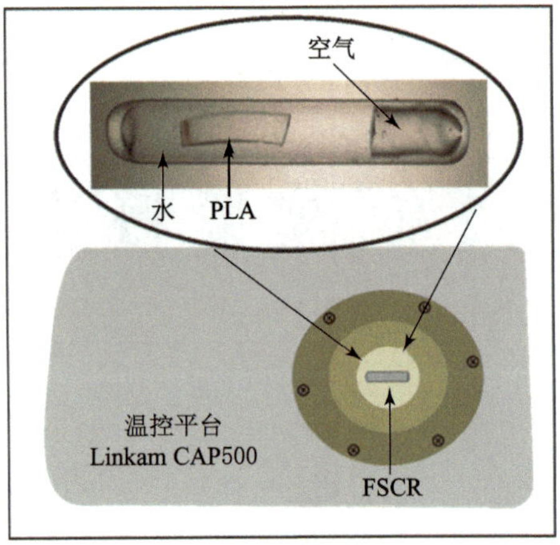

（a）

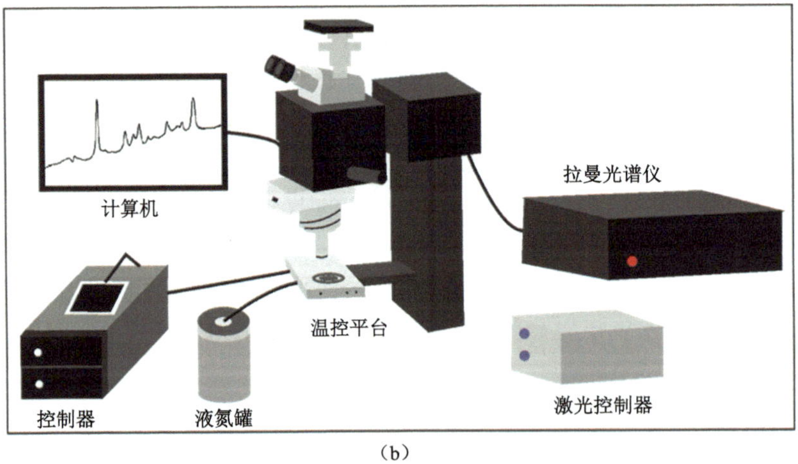

（b）

图 2-1　原位高温测试系统示意图

2.2　光谱分析表征技术

2.2.1　拉曼光谱分析技术

拉曼效应由印度科学家 C.V.拉曼于 1928 年发现，其描述了光子在分子系统中发生非弹性散射的过程（Landsberg et al.，1928；Raman et al.，1928）。拉曼光谱是一种非破坏性的微区分析手段，广泛应用于地球科学、生物学、医学以及地外海洋科学等多个领域（Cialla-May et al.，2019）。

光与物质的相互作用能够引起原子极化，进而在分子内部诱发电偶极子的形成。例如，当分子与电磁场相互作用时，分子内的负电荷中心会偏离原子核位置，导致感应电偶极矩与外部电场强度成正比。感应偶极子会随着外部电磁场的频率振荡，并作为辐射源向各个方向散射电磁波。在弹性散射（即瑞利散射）中，极化率 α 可以视为常量，不随时间变化，因此散射光的频率与外部光源的频率相同。然而，对于振动分子系统，分子内的极化率 α 随着分子振动而发生变化，电子密度会随原子核运动迅速调整。这样，随时间变化的诱导偶极矩 μ 将导致散射光频率发生变化，从而产生拉曼散射现象：

$$\mu = \alpha_0 E_0 \cos \omega_0 t + \frac{1}{2}\left(\frac{\partial \alpha}{\partial q}\right)\Big|_{q=0} \cdot q_0 E_0 \cos(\omega_0 - \omega_r) t + \frac{1}{2}\left(\frac{\partial_{\alpha}}{\partial_{q}}\right)\Big|_{q=0} \cdot q_0 E_0 \cos(\omega_r + \omega_0) t \tag{2-1}$$

在这一过程中，极化率 α 与分子振动中核运动 q 的关系可以通过泰勒展开近似地描述，特别是在平衡位置 $q=0$ 附近。根据式(2-1)，感应电偶极矩 μ 会在三个不同的频率下振荡。式(2-1)等号右边第一项对应于瑞利散射，表明感应偶极矩在激发频率 ω_0 下振荡，充当 ω_0 电磁场的辐射源。第二项和第三项则描述了在调制频率下的振荡，分别对应于外部电磁场 ω_0 与分子振动模式 ω_r 之间的差频或和频。具体来说，第二项对应于斯托克斯散射，其中散射光子的频率小于入射光频率，表现为红移；而第三项则代表蓝移的非弹性散射，即反斯托克斯-拉曼散射。因此，分子的散射辐射是由这三个频率的叠加组成的：ω_0 以及与分子振动模式的激发（$\omega_0-\omega_r$）或退激发（$\omega_0+\omega_r$）相关的频率。

通过对式(2-1)中诱导偶极矩引起的散射二次辐射进行分散处理，可以得到分子振动频率的非弹性散射以及瑞利散射和边带。1928 年，拉曼首次观察到这些边带，并指出它们只能在分子处于平衡几何结构下，且极化率沿标准坐标 q 的梯度发生非零变化时才能被观测到。斯托克斯-拉曼散射的强度可以通过赫兹偶极子发射的总功率来表示，如式(2-2)所示：

$$I_{\text{Stokes}} = \text{constant} \cdot I_0 \cdot (\omega_0 - \omega_r)^4 \cdot \left[\left(\frac{\partial_\alpha}{\partial_q}\right) \Big|_{q=0}\right]^2 \tag{2-2}$$

然而，这种对非弹性拉曼散射过程的经典描述并不能完全解释实验中观察到的斯托克斯散射和反斯托克斯散射强度的不对称性。为了更准确地描述斯托克斯和反斯托克斯散射，需要引入量子力学的视角。图 2-2 展示了瑞利散射、斯托克斯散射与反斯托克斯散射的能级示意图(Cialla-May et al., 2019)。

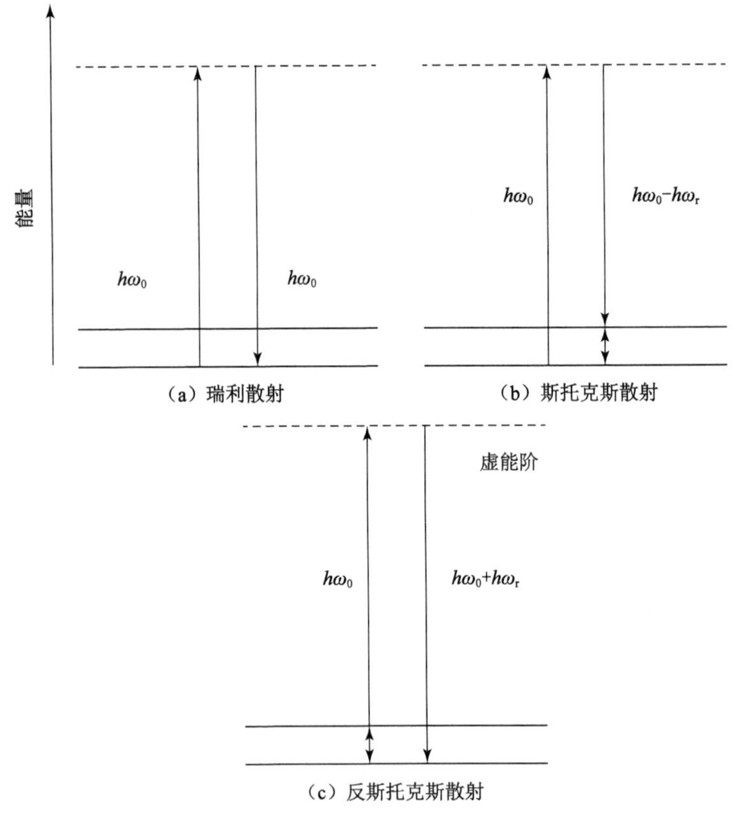

图 2-2　瑞利散射、斯托克斯散射和反斯托克斯散射的能级示意图
(引自 Cialla-May et al.,2019)

斯托克斯散射和反斯托克斯散射统称为拉曼散射。拉曼散射的频率与散射物质本身有关，而与入射光的波长无关。因此，拉曼散射仅与被测物质的分子振动模式相关。每种散射物质都有其独有的特征拉曼光谱，这使得拉曼光谱成为区分和鉴别不同物质结构的重要工具。因此，拉曼光谱被广泛应用于具有拉曼活性物质的定性分析。

2.2.2　傅里叶变换红外光谱分析技术

红外光谱分析是一种有效的物质结构表征手段。通过研究物质在红外光谱范围内的吸收峰的位置、强度以及形态，可以推测出物质中所含有的化学基团及其结构特征，从而对未知物质进行定性分析。红外光谱具有灵敏度高、重复性好和波数准确的优点，可以用于测量从微克到纳克级的样品。该技术广泛应用于地质、环境、医学、工业等多个领域(翁诗甫，2016)。

红外光谱属于分子吸收光谱的一种形式，也被称为分子振动和转动光谱。当特定波长的红外光通过样品时，光与样品中的分子发生相互作用，分子吸收与其振动模式相匹配的红外光，从而发生跃迁。这些跃迁通常发生在分子的基态与第一激发态之间，使分子振动能级从基态跃迁到激发态。因此，样品透过的光强会在对应的吸收区域变弱。吸收的红外光越多，透射率就越低，红外光谱便是通过测量不同波段光的透过率，绘制出透过率与波长或波数之间的关系曲线而得到的。物质是否能够产生红外吸收光谱主要取决于两个因素：① 入射的红外光子的能量是否与分子的振动能级跃迁所需的能量匹配；② 分子是否具备偶极矩变化的特性。只有那些在振动过程中能导致偶极矩变化的分子才具有红外活性。例如，具有对称结构的分子如 Cl_2、H_2、O_2、N_2 等，其振动不引起偶极矩变化，因此它们不会表现出红外活性；相反，不对称分子如 SO_2、CH_4、CO_2、H_2O 以及烷烃类化合物等，则具有红外活性。通过红外光谱的分析可以揭示出分子振动模式与其化学结构之间的紧密关系，因此，红外光谱是一种在化学分析中不可或缺的工具。

傅里叶变换红外光谱(FTIR)的高质量测定可以追溯到 20 世纪初，其关键组成部分是迈克尔逊干涉仪，因其由迈克尔逊首次提出而得名(Griffiths，1983)。FTIR 的原理基于物理光学中的双向相干性法则，这使得其被归类为干涉型红外光谱仪。FTIR 系统通常由多个部分组成，包括光源、干涉仪、样品室、探测器和计算机等，其中干涉仪内部包含分束器、动镜和定镜，如图 2-3 所示。当准直的红外光源进入干涉仪时，光束通过分束器被分成两条路径，经过定镜和动镜的反射后转变为干涉光。经过干涉的红外光再通过样品室，与样品中的分子相互作用，导致分子发生振动跃迁，从而改变通过样品后的光的能量和性质。最终，干涉光传输至探测器进行测量。傅里叶红外光谱仪中的探测器主要有两种类型：DTGS(热释电镀锌硒)探测器和 MCT(汞镉碲)探测器。DTGS 探测器灵敏度较低、噪声较大且响应速度较慢，但其检测范围较广；而 MCT 探测器灵敏度较高、响应速度快，但测量范围有限(翁诗甫，2016)。红外光谱的原始数据通过探测器收集后，传输至计算机进行傅里叶变换处理，将干涉信号转化为频谱数据，最终生成标准的红外吸收光谱(沈德言，1985)。这种数学处理使得傅里叶红外光谱仪能够高效地将复杂的干涉光谱信号转化为易于分析的吸收光谱。由于傅里叶红外光谱仪具备高灵敏度、高分辨率和优良的信噪比，所以其成了工业、商业及科研领域中的重要工具，被广泛应用于材料科学、环境监测、质量控制等领域，现已成为最常用的红外光谱技术之一。

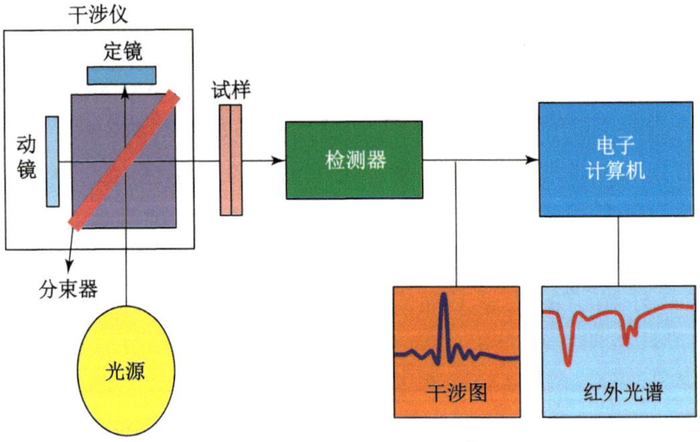

图 2-3　傅里叶变换红外光谱仪示意图

本书使用的红外光谱仪为 Nicolet iS50 FTIR 光谱仪[由赛默飞世尔科技(中国)有限公司生产]。该光谱仪由主机和红外显微部分组成，本实验主要使用红外显微部分。该部分采用了超微光学校正专利技术，能够提供高质量的红外光谱和高清晰的可见光成像。光谱仪配置了手动连续体光谱系统，并配备了外光路密封的溴化钾窗片，以确保光路稳定。其转镜采用 iS50 镀金转镜，适用于左右双外光路模式。该光谱仪的分辨率为 0.05 cm^{-1}。

第3章　聚乳酸(PLA)的原位水解与热解研究

3.1　引言

随着可持续发展理念的不断深入人心，可降解聚合物作为传统合成塑料的环保替代材料，受到广泛关注。聚乳酸(PLA)是一种典型的可降解聚合物，主要来源于玉米、甘蔗和木薯等农业资源。凭借其优异的性能，如强生物相容性、高强度、良好刚性与热塑性以及较低成本，PLA 广泛应用于消费品包装和生物医学领域，包括外科缝合线、骨钉和组织工程支架等(Farah et al.，2016；Zaaba et al.，2020)。

然而，PLA 在高于 200 ℃时易发生热降解，并在水环境中容易出现水解反应(Farah et al.，2016)，这对加工过程的操作条件提出了限制。此外，其分子链中的酯基在高温或高湿环境下容易断裂，导致产品质量下降。因此，深入研究聚乳酸的水解和热解过程对于其生产和应用至关重要。一方面，合理设置热处理条件有助于避免加工过程中产品的降解；另一方面，掌握其降解机制可以帮助预测 PLA 在特定热环境下的性能表现。

PLA 的热降解通过分子内外酯交换、顺式消除、自由基反应以及协同非自由基反应等途径进行，生成一氧化碳、二氧化碳、乙醛和甲基、烯基等副产物(Kopinke et al.，1996；Lim et al.，2008)。然而，也有研究提出，PLA 的热降解可能是一种非自由基的“背回”酯交换反应，涉及链末端的羟基(—OH)基团，并且乙酰基自由基的结合可能形成丁二酮，这是一种可检测的副产物(McNeill et al.,1985)。自由基降解通常发生在 250 ℃以上，并被认为是通过烷基氧或酰基氧的同裂解反应启动的(Kopinke et al.,1996)。

在水解降解过程中，PLA 的链断裂主要发生在无定形区域，导致聚合物结晶度增加。链断裂产生的羧基末端基团在水解过程中具有催化作用，通过自催化和自维持的机制加速降解(Tsuji et al.,2000；Paul et al.,2005；Zhou et al.,2008)。这一降解过程具有异质性，分子内部的降解速度快于表面，这一现象可归因于羧基末端基团的自催化效应(Grizzi et al.,1995；Li et al.,1999；Tsuji et al.,2000)。酯键的随机断裂控制了水解过程，主要由速率常数、吸水量、链段扩散系数以及降解产物溶解度等四个参数决定(Elsawy et al.,2017)。基于此，可预测两种主要降解机制：表面反应型(异质性)和体积侵蚀型(均质性)。当水解速率超过水分进入粒子的速率时，会发生表面降解，导致粒子收缩；而在均质降解中，粒子的形状保持不变，但体积随时间逐渐减少(Casalini et al.,2019)。

PLA 的降解过程已通过多种方法进行广泛研究，包括高效液相色谱(HPLC)、扫描电子显微镜(SEM)、差示扫描量热法(DSC)、力学性能测试以及凝胶渗透色谱(GPC)等技术(Islam et al.,2010；Gardette et al.,2011；Yang et al.,2015；Rocca-Smith et al.,2017；Sikorska et al.,2018)。尽管这些方法能够定量表征 PLA 的降解特性，但它们通常耗时较长且成本较高。此外，这些实验需要脱离热力学环境进行离线测量，不仅限制了对降解过程的实时观察，而且还可能引入测量误差。

熔融毛细硅管反应腔(FSCR)在高温和高压实验中应用广泛(Pan et al.,2009,2013,2014；Huang et al.,2012；Gao et al.,2012)。由于其透明性，所以该反应器能够实现可视化观察和在线分析。本研究结合熔融硅毛细管反应腔、光学显微镜和拉曼光谱技术，研究了 PLA 在最高 285 ℃条件下的水解与热解过程。通过观察聚乳酸在降解过程中的形态变化及光谱变化，为其水解与热解动力学提供了新的见解。

3.2 材料与方法

本研究选用的 PLA 样品($C_3H_4O_2$)购自上海麦克林生化科技股份有限公司，其分子量为 80 000，形态为直径 3 mm 的圆形颗粒。实验前，使用研磨机将 PLA 颗粒加工成约 0.3 mm 厚的薄片，再用刻刀切割成 0.3 mm 宽、

2.8 mm 长的矩形片状。实验中使用的水由四川优普超纯科技有限公司提供的超纯水机制备。

实验在原位高温测试系统中进行，见第 2 章图 2-1。实验时，FSCR 被放置在温控平台上，利用立体显微镜和拉曼光谱仪实时观察过程。实验室环境温度为 25 ℃，升温速率为 20 ℃/min，每升高 10 ℃采集一次光谱数据。当温度达到目标值后，温控平台以 50 ℃/min 的速率降温至室温，同时每降 50 ℃记录一次反应产物的拉曼光谱数据。

3.3　结果与讨论

3.3.1　PLA 的拉曼光谱

拉曼光谱已广泛应用于室温和常压条件下 PLA 的研究，这为本研究提供了可靠的参考依据。在对 PLA 样品的初步拉曼光谱分析中，我们在 250～2 000 cm^{-1}范围内检测到了 16 个特征峰，并在 2 600～3 800 cm^{-1}范围内观察到另外 3 个特征峰(图 3-1)。这些结果与 Kister 等(1995)的研究高度一致。PLA 的振动模式及其对应的拉曼峰值详见表 3-1。

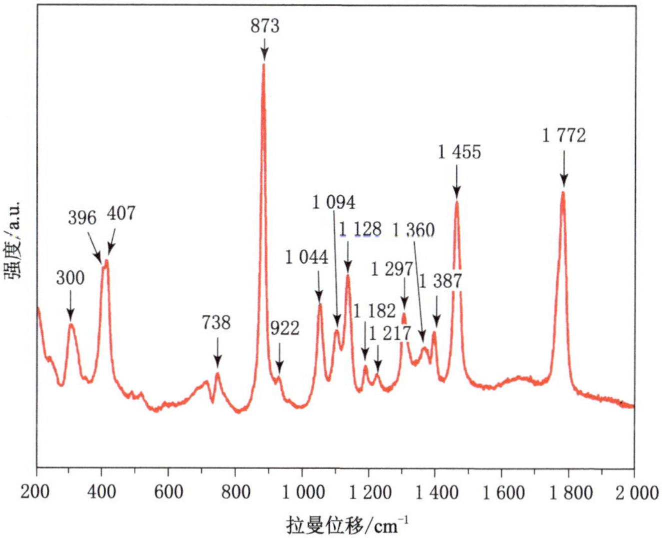

(a)

图 3-1　PLA 在常温常压环境下的拉曼光谱

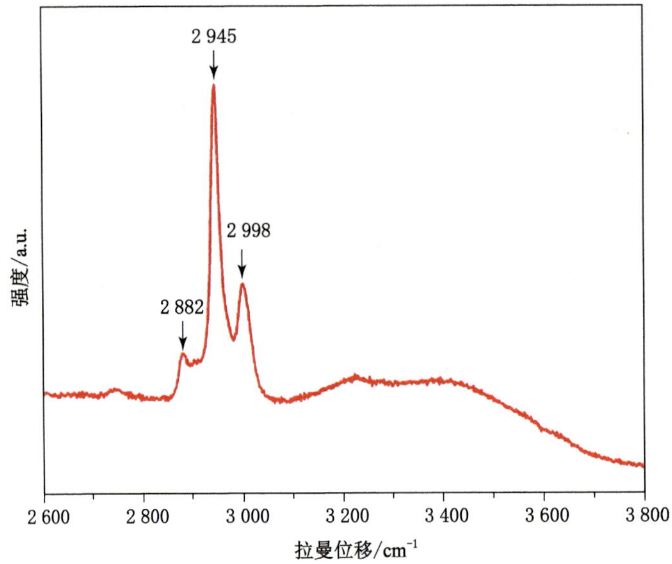

(b)

图 3-1 (续)

表 3-1 PLA 的振动模式及其对应的拉曼峰值

拉曼峰值/cm^{-1}	振动模式
300	δ_sC—CH_3、C—CH_3 对称弯曲，以及 COC 弯曲
396	δCCO、CCO 弯曲
407	δCCO、CCO 弯曲
738	δC=O、C=O 弯曲
873	νC—COO、C—COO 拉伸
922	rCH_3+νC—C，CH_3 平面内摇摆，C—C 拉伸
1 044	νC—CH_3、C—CH_3 拉伸
1 094	ν_sCOC、COC 对称拉伸
1 128	$r_{as}CH_3$、CH_3 不对称平面内摇摆
1 182	ν_{as}COC、COC 不对称拉伸
1 217	ν_{as}COC、COC 不对称拉伸
1 297	δCH、CH 弯曲
1 360	δCH+$\delta_s CH_3$、CH 弯曲和 CH_3 对称弯曲

表3-1(续)

拉曼峰值/cm^{-1}	振动模式
1 387	$\delta_s CH_3$、CH_3 对称弯曲
1 455	$\delta_{as} CH_3$、CH_3 不对称弯曲
1 772	$\nu C{=}O$、$C{=}O$ 拉伸
2 882	νCH、CH 拉伸
2 945	$\nu_s CH_3$、CH_3 对称拉伸
2 998	$\nu_{as} CH_3$、CH_3 不对称拉伸

注：s—对称模式；as—不对称模式；δ—弯曲模式；ν—拉伸模式；r—平面内摇摆模式。

3.3.2 PLA 的热解过程

在对 PLA 热解过程的研究中，样品被完全密封于 FSCR 内，以确保实验在无水环境下进行。图 3-2 展示了 PLA 样品在不同温度下的光学图像和拉曼光谱的变化。在热解初期，PLA 样品呈矩形，随着温度从 30 ℃升高至 185 ℃，逐渐转变为椭圆形。在 185 ℃时，样品液滴内出现小气泡，标志着 PLA 开始发生热解。随着温度继续升高，PLA 样品逐渐变得更薄、更宽，同时气泡数量不断增多。当温度达到 240 ℃时，样品的厚度已显著减小，边界变得模糊且难以辨识。超过 250 ℃后，PLA 的形态变化已超出显微镜的清晰观察范围。

为了确定 PLA 的熔化温度，我们在升温过程中测定了其拉曼光谱[图 3-3(a)]。结果显示，在 160～170 ℃之间，1 094 cm^{-1}(ν_sCOC)峰值强度相较于 1 128 cm^{-1}($r_{as}CH_3$)峰值明显下降。这一现象反映了对称 C—O—C 键拉伸振动强度的显著减弱，表明 PLA 在约 170 ℃时由固态转变为熔融态，与 Tsuji 等(2003)的研究结果一致。

我们进一步对拉曼光谱的峰值进行了分峰处理，并通过高斯函数计算了峰面积，记作 S。需要注意的是，拉曼光谱强度随温度的变化并不直接反映材料成分的变化，因为峰值的自归一化并不等同于其实际组成的变化。因此，在恒定温度下，峰值强度的相对变化更能揭示与化学键形成或断裂相关的动态过程。鉴于 873 cm^{-1}(C—COO)拉曼峰在高温热解过程中保持稳定，我们将其他峰的峰面积归一化为 873 cm^{-1}峰的峰面积，以便进一步分析：

$$S_N^{peak} = S^{peak} / S^{873(C—COO)} \tag{3-1}$$

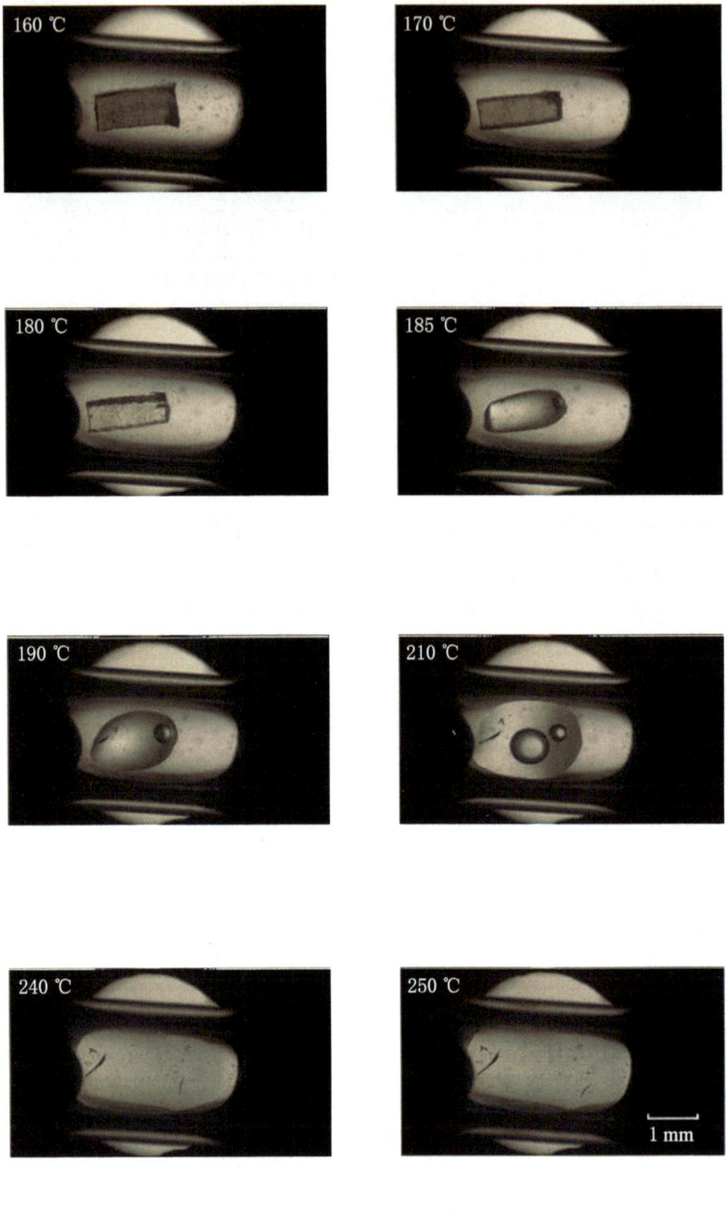

图 3-2　PLA 在 160～250 ℃温度范围内的光学图像

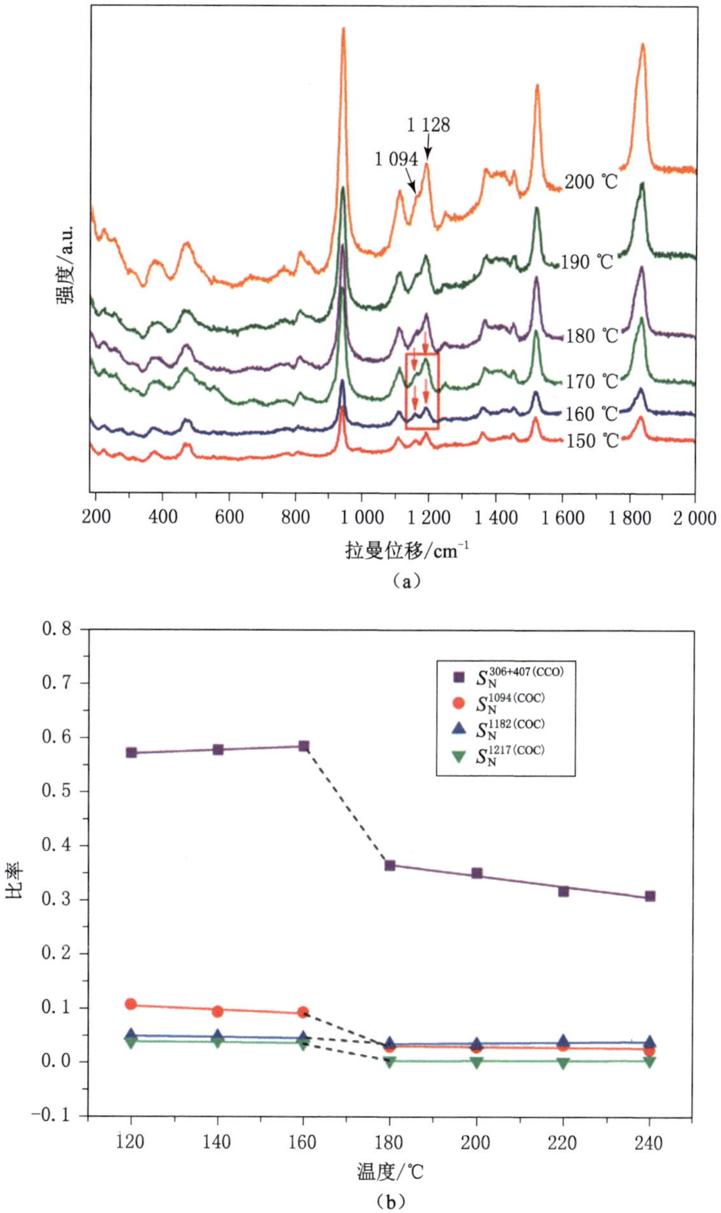

图 3-3　PLA 在热解过程中随温度升高的拉曼光谱以及 $S_N^{396+407(CCO)}$、$S_N^{1094(COC)}$、$S_N^{1182(COC)}$ 和 $S_N^{1217(COC)}$ 标准化值在 120～240 ℃范围内的变化

图 3-3(b)显示了在 120～240 ℃范围内，$S_N^{396+407(CCO)}$、$S_N^{1094(COC)}$、$S_N^{1182(COC)}$ 和 $S_N^{1217(COC)}$ 标准化值的变化情况。结果表明，这些标准化值在160～180 ℃之间明显下降，进一步验证了 PLA 在该温度范围内发生熔融的现象。

通过在不同阶段(30 ℃、180 ℃、240 ℃、250 ℃及冷却至 25 ℃后)收集的拉曼光谱(图 3-4)可以观察到，PLA 在 30～240 ℃范围内的拉曼峰位置几乎没有变化，这表明在该温度范围内 PLA 并未发生完全热解。然而，当温度升至 250 ℃时，拉曼光谱发生了显著变化，其特征峰完全消失。即使在冷却至室温后的测量中，这一变化仍然保持不变，表明 PLA 在 250 ℃时已经完全反应，生成了一种新的产物，该产物没有可检测的拉曼光谱信号。

由于 PLA 的热解产物未显示出显著的拉曼光谱信号，所以我们采用红外光谱进一步探讨其热解过程。在硅管内的 PLA 反应样品中观察到小水滴和固体碎片，并分别对其进行了分析。图 3-5 显示，这些水滴和固体碎片均具有强烈的 CO_2 吸收峰，分别位于 2 338 cm^{-1} 和 2 363 cm^{-1}。在 2 172 cm^{-1} 和 2 120 cm^{-1} 处的红外吸收峰被鉴定为 $CH_3CH{=}C{=}O$(甲基烯酮)的特征峰，归因于 $C{=}C{=}O$ 的反对称拉伸振动(Winther et al.,2002)。

同时，2 945 cm^{-1} 和 3 018 cm^{-1} 处的红外吸收峰分别对应于 $CH_3CH{=}C{=}O$ 的反对称和对称拉伸振动(Winther et al.,2002)。此外，在 2 735 cm^{-1}、2 825 cm^{-1}、2 853 cm^{-1} 和 3 000 cm^{-1} 处的吸收峰被鉴定为乙醛的特征峰，其中 2 735 cm^{-1}、2 825 cm^{-1} 和 2 853 cm^{-1} 处的峰归属于乙醛中 C－H 键的伸缩振动，而 3 000 cm^{-1} 处的峰与乙醛中 CH_3 基团的伸缩振动相关。CO_2、$CH_3CH{=}C{=}O$ 和 CH_3CHO 的检测结果清晰表明，PLA 热解过程中存在自由基反应。该反应可表示为：

$$(C_3H_4O_2)_n \longrightarrow CH_3CH{=}C{=}O + CH_3CHO + CO_2$$

3.3.3 PLA 的水解过程

本研究深入分析了 PLA 在纯水环境下的水解过程，并通过设置不同温度条件开展实验。实验中利用显微镜对反应过程进行了实时观察和记录，图 3-6(a)展示了该过程的显微图像。与热解过程类似，PLA 样品的初始矩形形态在温度从 30 ℃升高至 180 ℃时逐渐变为椭圆形，表明 PLA 在该阶段发生了熔化。随后，在 180～270 ℃范围内，PLA 的体积不断减小，说明水解反应正在持续进行。

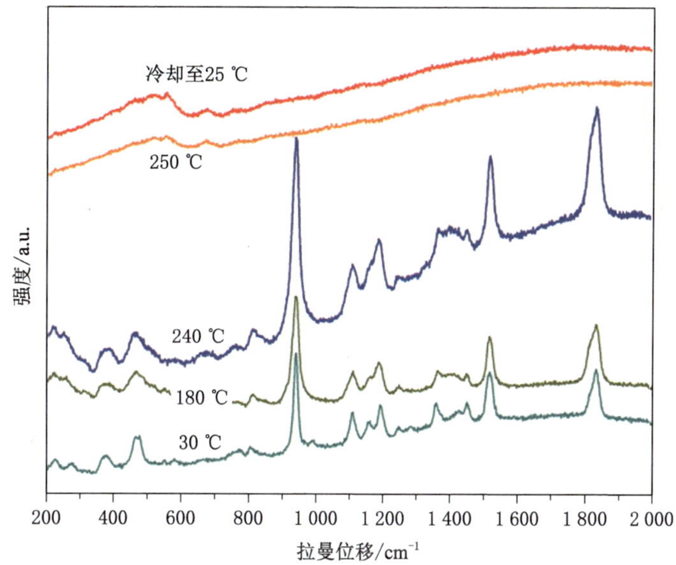

(a)

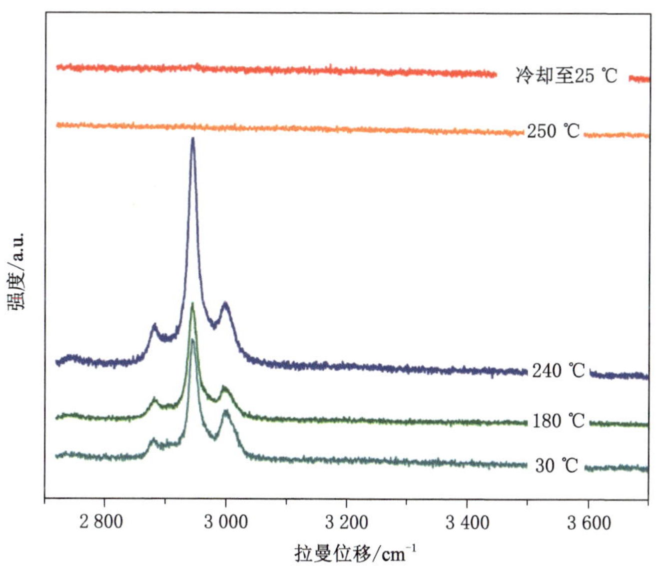

(b)

图 3-4 PLA 在不同温度下热解过程中拉曼光谱的变化

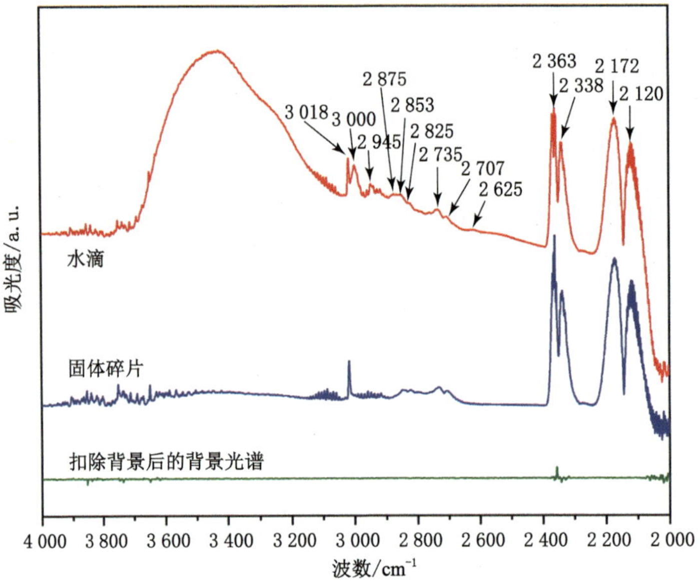

图 3-5　PLA 热解过程中反应产物的红外光谱

图 3-6(b)展示了水解过程中 PLA 的拉曼光谱变化。在 180 ℃时，1 094 cm^{-1}(ν_sCOC)峰值强度相比于 1 128 cm^{-1}($r_{as}CH_3$)显著减弱，进一步证明 PLA 已由固态转变为熔融态。而在图 3-6(c)中，归一化值 $S_N^{396+407(CCO)}$、$S_N^{1094(COC)}$、$S_N^{1182(COC)}$ 和 $S_N^{1217(COC)}$ 在 160～180 ℃之间的显著下降再次验证了 PLA 的熔化现象(Zhao et al.,2024)。

我们进一步研究了 PLA 在 270 ℃下随水解时间的形态变化。如图 3-7 所示，尽管 PLA 的整体形状未发生变化，但其体积随着水解时间的延长逐渐减小。这种体积的持续缩小，表明 PLA 的水解反应机制可能是以表面为导向的特性。

图 3-8 展示了 PLA 在高温水解过程中拉曼光谱的变化情况。表 3-2 列出了 30 ℃和 260 ℃时不同波数(396 cm^{-1}、407 cm^{-1}、873 cm^{-1}、1 094 cm^{-1}、1 182 cm^{-1}、1 217 cm^{-1})对应的 S 值及归一化 S 值。随着温度的升高，$S_N^{396+407(CCO)}$、$S_N^{1094(COC)}$、$S_N^{1182(COC)}$ 和 $S_N^{1217(COC)}$ 的归一化值显著下降，表明 PLA 中的 C—C—O 和 C—O—C 键在高温下发生断裂。

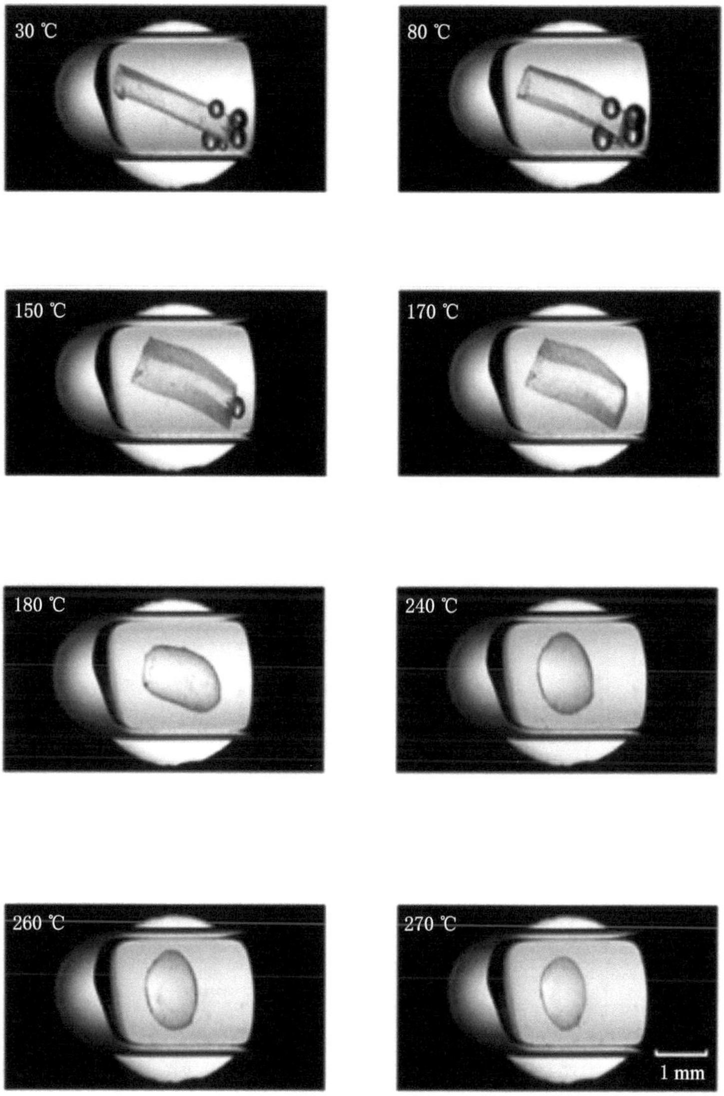

（a）PLA的显微图像

图 3-6　PLA 的水解过程

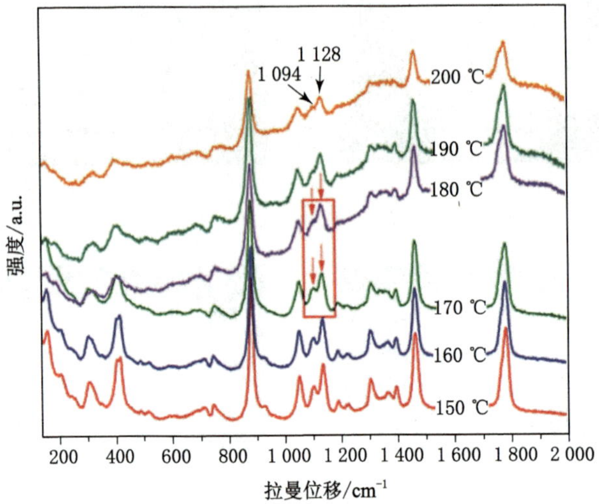

（b）PLA在水解过程中随温度升高的拉曼光谱

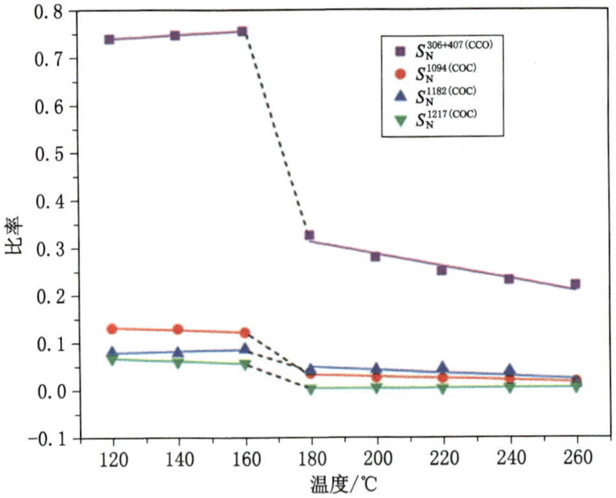

（c）$S_N^{306+407(CCO)}$、$S_N^{1094(COC)}$、$S_N^{1182(COC)}$和$S_N^{1217(COC)}$标准化值在120～260 ℃范围内的变化

图 3-6 （续）

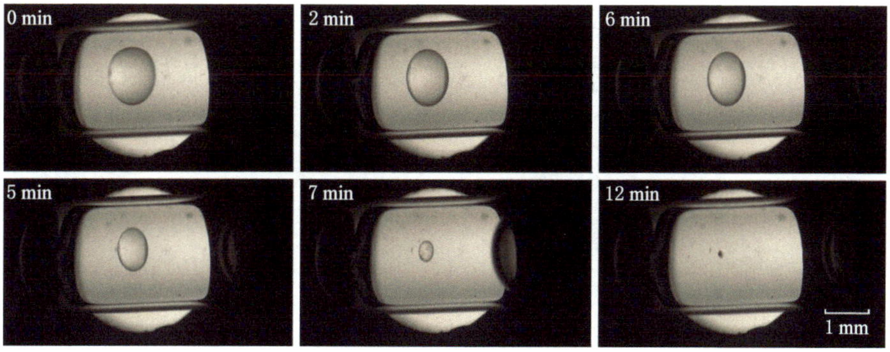

图 3-7　PLA 在 270 ℃下随水解时间变化的显微图像

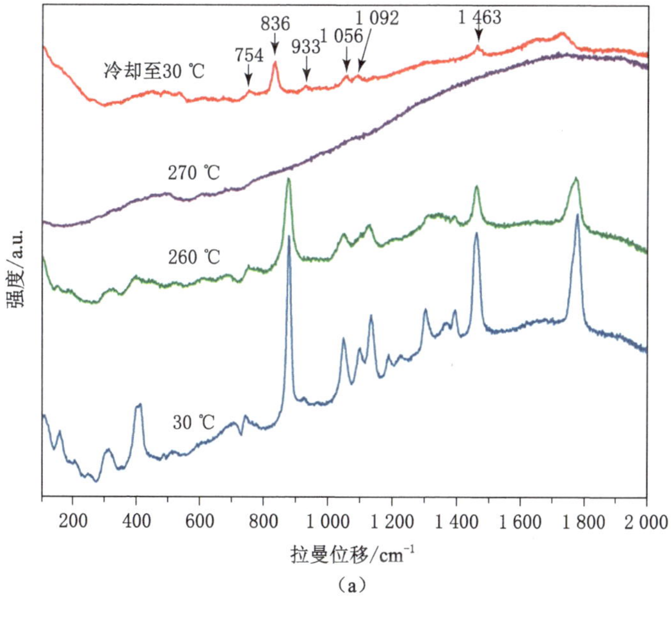

图 3-8　PLA 在不同温度下水解过程中的拉曼光谱

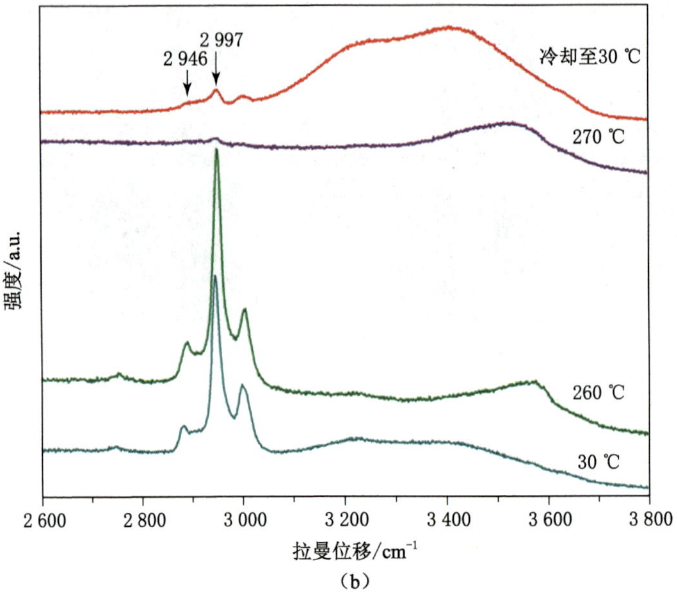

（b）

图 3-8 （续）

表 3-2 PLA 在 30 ℃和 260 ℃下 S 值变化的对比

	T=30 ℃	T=260 ℃
	S	
$S^{873(C-COO)}$	4.68×10^5	3.10×10^5
$S^{396+407(CCO)}$	2.23×10^5	4.67×10^4
$S^{1094(COC)}$	5.06×10^4	2.83×10^3
$S^{1182(COC)}$	2.84×10^4	1.53×10^3
$S^{1217(COC)}$	1.90×10^4	587
	归一化 S 值	
$S_N^{396+407(CCO)}$	0.48	0.150
$S_N^{1094(COC)}$	0.10	0.009
$S_N^{1182(COC)}$	0.06	0.005
$S_N^{1217(COC)}$	0.04	0.002

定量分析结果显示,从 30 ℃升高到 260 ℃,C—C—O 键的强度降至初始值的约三分之一,而 C—O—C 键的强度则降至初始值的约十五分之一。C—O—C 键的断裂导致 PLA 大分子结构降解为小分子 PLA 或乳酸,而 C—C—O 键的断裂则进一步促使乳酸分解为醇类、CO_2 和水。因此,可以推测,在水解过程中,乳酸的生成比乙醇、CO_2 和水更为显著。

在 270 ℃下,当所有 PLA 液滴完全水解为水溶液后,水溶液的拉曼光谱在 200～2 000 cm^{-1}范围内未显示明显的拉曼峰[图 3-8(a)]。然而,在 2 600～3 800 cm^{-1}范围内可观察到一个微弱的拉曼峰,位于2 943 cm^{-1}处[图 3-8(b)]。随后,将反应器内的石英管以 50 ℃/min 的速率冷却至 30 ℃。此时,水解产物的拉曼光谱在 754 cm^{-1}、836 cm^{-1}、933 cm^{-1}、1 056 cm^{-1}、1 092 cm^{-1}、1 463 cm^{-1}、2 946 cm^{-1}和2 997 cm^{-1}处出现了显著的拉曼峰。其中,754 cm^{-1}、836 cm^{-1}、933 cm^{-1}、1 463 cm^{-1}、2 946 cm^{-1}和2 997 cm^{-1}处的拉曼峰与乳酸的拉曼光谱一致,而1 056 cm^{-1}和1 092 cm^{-1}处的拉曼峰与乙醇的拉曼光谱相符(Li et al.,2018)。因此,可以推断,PLA 在270 ℃下已完全水解,生成乳酸、乙醇、CO_2 和水(图 3-9)。

3.3.4　PLA 水解反应动力学模型

随着 PLA 温度的升高,其分子能量增加,分子间作用力减弱,导致 PLA 发生熔化并进一步分解。在热解过程中,熔融的 PLA 在石英管表面分散,形成一层薄膜(图 3-2),使得热解时间与分解程度之间的关系尚不明确。相比之下,在水解过程中,熔融的 PLA 凝聚成液滴,并进行异质性水解反应,反应从液滴表面逐渐向内部推进(图 3-7)。这一过程使得水解时间与水解程度之间呈现出明确的定量关系。

为评估 PLA 水解反应的动力学特性,我们对水解过程中的体积变化进行了详细研究。通过显微技术测量了椭球体 PLA 样品的长轴(a 轴)和短轴(b 轴)的尺寸(图 3-7)。由于 PLA 的水解在各个方向上具有均匀的速率,所以水解速率可通过 PLA 椭球体投影面积的变化率进行量化。不同温度条件下(如 250 ℃、255 ℃、260 ℃、265 ℃、270 ℃、275 ℃、280 ℃和 285 ℃)的 a 轴和 b 轴长度数据及 PLA 投影椭球面积与时间的关系列于附表 1 中。实验数据与 Piemonte 等(2013a)提出的模型高度吻合,具体公式如下:

$$X_{PLA}=1-\frac{1}{1+\alpha\cdot\exp(k\cdot t)} \tag{3-2}$$

式中,X_{PLA}表示 PLA 的转化率,即投影面积的变化;α 为初始乳酸与 PLA 的

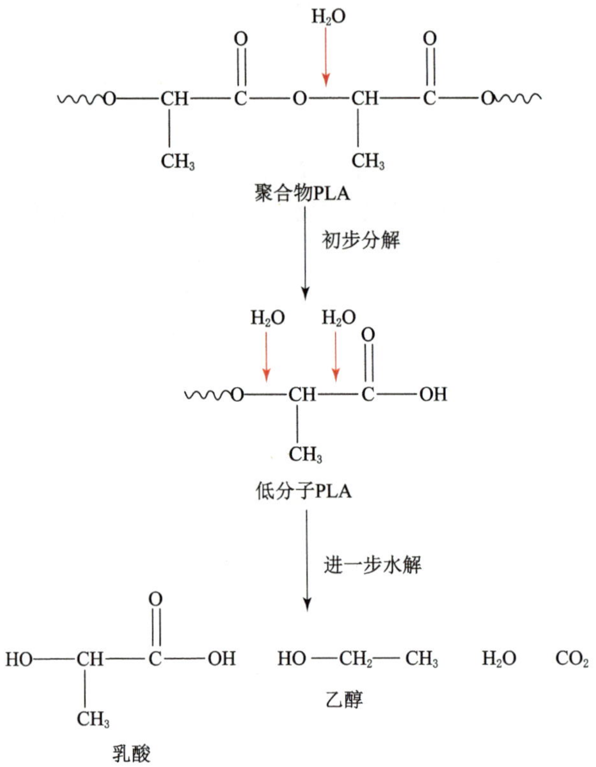

红色箭头指示了通过拉曼光谱分析确认的 PLA 水解过程中发生断裂的化学键。

图 3-9　PLA 的水解机制

质量比；k 为解聚动力学常数。所有数据的拟合结果如图 3-10 所示。

结果和预期一致。研究发现，PLA 水解过程中存在自催化现象，这归因于水解反应中羧酸链端的逐步增加。该现象与 Li 等(1990)的研究结果一致。具体而言，PLA 降解会产生大量可溶性低聚物和乳酸，这些产物显著增加了羧酸链端的数量。这些羧酸链端进一步催化了酯键的断裂。此外，仅靠近表面的可溶性低聚物能够在降解完成前被释放，而基质内的低聚物则被保留，从而形成酸性环境，进一步加强自催化效应(Elsawy et al.,2017)。

利用实验测得的 X_{PLA} 和 t 数据拟合方程[式(3-2)]，计算得到的 k 值列于表 3-3。根据阿仑尼乌斯公式，PLA 水解反应的活化能(Q)也由此得出：

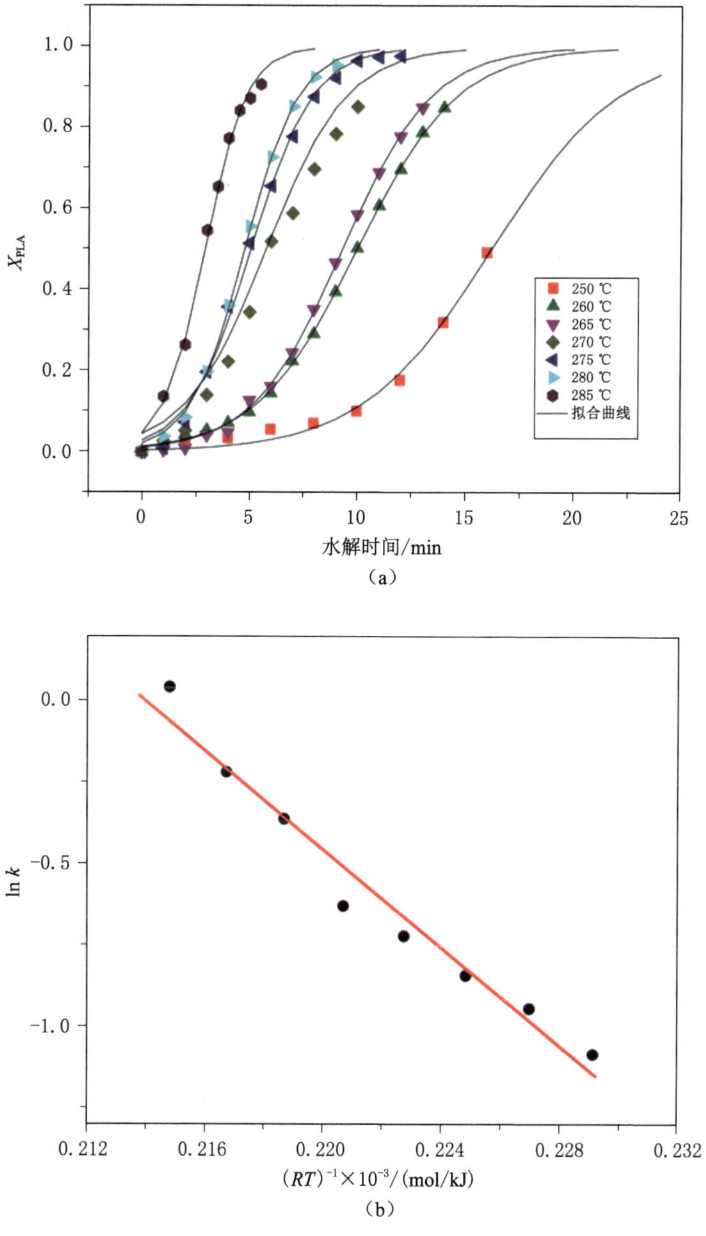

曲线的斜率即为水解反应的活化能。

图 3-10　PLA 在不同温度下水解过程中 X_{PLA} 随水解时间的变化和 ln k-1/(RT)拟合曲线

$$\ln k = \ln A - \frac{Q}{RT} \tag{3-3}$$

式中，k 为反应速率；Q 为反应的活化能，kJ/mol；R 为气体常数，取 8.314 J/(mol・K)；T 为温度，K；A 为物质的预指数因子。

表 3-3　不同温度下 PLA 水解反应常数的拟合结果

T/℃	K	R^2	$\ln k$	$(RT)^{-1}\times10^{-3}$
250	0.337 4	0.991 8	−1.086 49	0.229 103
255	0.388 7	0.999 1	−0.944 95	0.226 942
260	0.430 0	0.999 5	−0.843 97	0.224 821
265	0.484 9	0.998 6	−0.723 81	0.222 739
270	0.532 4	0.991 4	−0.630 36	0.220 695
275	0.695 4	0.997 2	−0.363 27	0.218 689
280	0.802 1	0.999 2	−0.220 52	0.216 719
285	1.041 0	0.994 6	0.040 182	0.214 784

通过绘制图 3-10(b)中的 $\ln k$-$1/(RT)$的关系图，可以计算出 PLA 水解的活化能 Q。结果表明，在 250～285 ℃的温度范围内，活化能 Q 值为 75.7 kJ/mol(或 18.1 kcal/mol)。这一结果低于 Makino 等(1985)在 21～45 ℃温度范围内测得的 PLLA(聚左旋乳酸)固态的活化能(低于 20 kcal/mol)以及 Campanelli 等(1993)在 250～280 ℃范围内测得的 PLA 熔融状态的活化能(55.7 kcal/mol)。这表明，相较于 PLLA，PLA 在熔融状态下具有更高的水解敏感度。此外，在 180～250 ℃范围内，PLLA 熔融状态下的活化能为 12.2 kcal/mol (Tsuji et al.，2003)。这一差异可能与离线测试与在线测试方法之间的固有误差有关(Zhao et al.，2024)。

3.4　本章小结

本研究通过拉曼光谱、显微观察和红外光谱等多种技术手段，系统研究了 PLA 在高温条件下的水解和热解过程。结果表明，PLA 在无水和含水环境中，当温度升至 170～180 ℃时，1 094 cm^{-1}处(与 ν_sCOC 相关)的拉曼峰强度显著下降，而 1 128 cm^{-1}处的拉曼峰强度保持相对稳定。这一现象表明 PLA

的熔融温度约为 170 ℃。

红外光谱分析进一步揭示了 PLA 高温热解的反应机制。研究显示，PLA 热解遵循自由基反应路径，主要生成 CO_2、$CH_3CH=C=O$ 和 CH_3CHO 等产物。在高温水解过程中，随着温度从 30 ℃ 升高至 260 ℃，$S_N^{396+407(CCO)}$、$S_N^{1094(COC)}$、$S_N^{1182(COC)}$ 和 $S_N^{1217(COC)}$ 的归一化峰值明显下降，反映了 C—O—C 和 C—C—O 键的断裂。这一过程导致高分子量 PLA 降解为低分子量 PLA，最终生成乳酸、乙醇、CO_2 和水。

研究还发现，PLA 的高温水解表现出自催化特性，随着温度升高，水解速率显著加快。通过对 $\ln k$-$1/(RT)$ 曲线的拟合，计算得出 PLA 在 250～285 ℃范围内的活化能 Q 为 75.7 kJ/mol。这些研究结果为 PLA 热解和水解机制提供了关键性见解，对聚合物科学和材料工程领域具有重要的指导意义和应用价值。

第4章　聚对苯二甲酸乙二醇酯(PET)的高温水解原位实验研究

4.1　引言

聚对苯二甲酸乙二醇酯(PET)是一种广泛使用的热塑性聚合物,化学式为 $COC_6H_4COOCH_2CH_2O$。由于其优异的机械性能、耐化学性和可塑性,PET 被广泛应用于包装材料、纺织品以及其他消费品中。然而,PET 的过度使用,尤其是在一次性包装产品中的广泛应用,以及许多发展中国家废物管理体系的不完善,使得 PET 成为全球塑料污染的主要来源(Bakir et al.,2012;OECD,2018;Moharir et al.,2019;Sang et al.,2020)。研究表明,每年超过 1 000万 t 的 PET 进入塑料废物中,其中大量未被有效回收,直接导致了海洋环境的污染。因此,提高 PET 废料的回收效率,已成为当前环保领域的紧迫课题。

水解降解是影响 PET 在熔融加工过程中降解的重要机制之一,通常与热降解和氧化降解并行。水解降解特别关键,因为它可能大幅度降低 PET 的性能,这在 PET 的挤出、熔融纺丝、加工以及纺织品清洗过程中尤为明显。此外,水解降解还是 PET 回收过程中不可或缺的一步,因为水解后的产物——苯二甲酸(TPA)和乙二醇(EG),可用于再合成新 PET(Brown et al.,1975;Wang et al.,2013;OECD,2018),这使得水解降解的机理对材料性能及回收效率的理解至关重要。

在温和条件下，PET 的水解降解速率较慢。Ballara 等(1989)的研究表明，100 ℃下 PET 的水解降解过程涉及化学结晶。Launay 等(1994)观察到，随着水的浓度增加，PET 的晶体度显著提高。Hosseini 等(2007)对 85 ℃下的纤维级 PET 颗粒进行研究，发现分子量显著降低；而 Sammon 等(2000)则发现，在 90 ℃下，去离子水和 1%氢氧化钾溶液中的 PET 降解也表现出显著的速率提升。Zimmerman 等(1980)指出，在 100 ℃下，水解降解速率低于高温条件下；而 Golike 等(1960)则发现，在 60～175 ℃区间内，PET 薄膜的水解降解遵循二级反应机制，且反应速率受到水扩散的限制。总体而言，PET 在这些较低温度下的降解速率较慢。例如，在 100 ℃的蒸馏水中暴露约 25 d 后，PET 的脆化现象明显，但降解速率几乎没有变化，K 值为(0.07±0.02) d^{-1} (Launay et al.,1994)。这种缓慢的降解速率限制了 PET 在大规模工业回收中的应用效果。

相对而言，在高温条件下，PET 的水解降解速率较快，且产物收率较高。Campanelli 等(1993)提出的动力学模型表明，在 250 ℃、260 ℃和 280 ℃下，PET 的水解降解速率显著加快。在 265 ℃下，PET 的水解在 35 min 内可达到 80%的解聚率，几乎完成降解。C̈olnik 等(2022)研究了 300 ℃和 350 ℃条件下的 PET 水热降解过程，发现 PET 在 50 min 内几乎完全降解，主要产物为 TPA 和 EG。高温下的水解降解不仅具有更高的速率，还能有效提升回收产物的质量，为工业大规模回收提供了巨大潜力。通过提高降解速率，回收过程可以更加高效且经济，尤其适合工业化大规模应用。然而，大部分现有研究采用的仍是离线分析方法，即通过在高温下反应一定时间后降温并进行产物分析。这种方法可能会忽视水解降解过程中出现的重要中间反应，导致对降解机制的理解不够全面。

此外，PET 水解降解的具体机制仍然存在诸多不确定性。McMahon 等(1959)研究了在 60～130 ℃、湿度为 20%～100%条件下 PET 的降解过程，发现降解速率与时间呈线性关系。Campanelli 等(1993)也得出类似结论，认为 PET 的水解降解速率随时间逐渐下降。Liu 等(2012)在 $Zn(Ac)_2$ 溶液中对 PET 进行的研究表明，水解速率与时间呈线性关系，但未观察到自催化现象。İlhan 等(2010)和 Pickett 等(2013)则报告称，PET 的机械性能变化的临界摩尔质量受到降解条件和起始材料的影响，且特别观察到最大应力的下降并非与水解降解时间呈线性关系。总体来说，无论在何种条件下，最大应力都有所下降，且在高温下下降速率更为显著，这表明 PET 水解降解可能具有自催化特性。Sammon 等(2000)在对 PET 薄膜的降解实验中发现，水解过程中，— OH 带的强度显著增加，表明自催化过程的发生，因为更多的羧酸基团被生成。Hosseini 等(2007)对纤维级 PET 颗粒的研究也表明，PET 在水解降解过程中，分子量显著降低，— COOH 含量增加，进一步证明了自催化现象。

尽管 PET 水解降解的活化能已在不同环境下得到了广泛研究，但在纯水中，特别是在 280～330 ℃的温度范围内，关于活化能的系统研究仍然较为缺乏。大多数现有的研究集中在空气、氮气等气体(Al-Mulla，2012)或酸性环境中，如硫酸(Mishra et al.，2003)和盐酸(Ravens et al.，1961)。Campanelli 等(1993)测量了低于 280 ℃时纯水中的活化能，而 McMahon 等(1959)则在不同湿度条件下进行了相关研究。然而，关于纯水中 PET 水解降解的活化能，尤其是在 280～330 ℃的高温区间，尚未有全面的研究。

本研究采用了 Chou 等(2014)首次提出并广泛应用于高温实验中的熔融毛细硅管反应腔(FSCR)技术，并结合光学显微镜和拉曼光谱技术，在 FSCR 反应器中原位研究了 280～330 ℃范围内 PET 的水解降解过程。本研究的主要目标是监测 PET 在水解降解过程中的形态变化和光谱特征，进一步揭示 PET 水解降解的内在机制，明确其活化能，并表征其水解降解过程的动力学特性。

4.2 材料与方法

本研究使用的 PET 样品来自中国怡宝饮料公司生产的标准矿泉水瓶。首先，将样品切割成约 0.5 mm 宽、0.5 mm 长、0.26 mm 厚的矩形颗粒，使用精密刻刀完成。实验在原位高温测试系统中进行，见第 2 章图 2-1。实验时，FSCR 被放置在温控平台上，利用立体显微镜和拉曼光谱仪实时观察过程。实验室环境温度为 25 ℃，升温速率为 20 ℃/min，每升高 10 ℃采集一次光谱数据。当温度达到目标值后，温控平台以 50 ℃/min 的速率降温至室温，同时每降 50 ℃记录一次反应产物的拉曼光谱数据。反应产物分为液体和固体残渣两部分。固体残渣通过拉曼光谱分析，而液相产物则转移至容量瓶，并使用乙酸乙酯进行水溶液的提取。提取后的产物通过高效液相色谱(HPLC)分析，采用 Agilent 7250-8890 GC-QTOFMS 系统，配备 HP-5 ms 色谱柱(30 m×2.5 mm×0.25 μm)。

4.3　结果与讨论

4.3.1　PET 的拉曼光谱

PET 的拉曼光谱在室温和常压条件下已有广泛研究，为本研究提供了可靠的参考。在初步的 PET 样品中，观察到 500～2 000 cm^{-1}范围内的 12 个特征峰(图 4-1)。各特征峰的拉曼位移依次为：628 cm^{-1}、700 cm^{-1}、796 cm^{-1}、859 cm^{-1}、1 099 cm^{-1}、1 105 cm^{-1}、1 129 cm^{-1}、1 167 cm^{-1}、1 279 cm^{-1}、1 043 cm^{-1}、1 608 cm^{-1}和1 717 cm^{-1}。

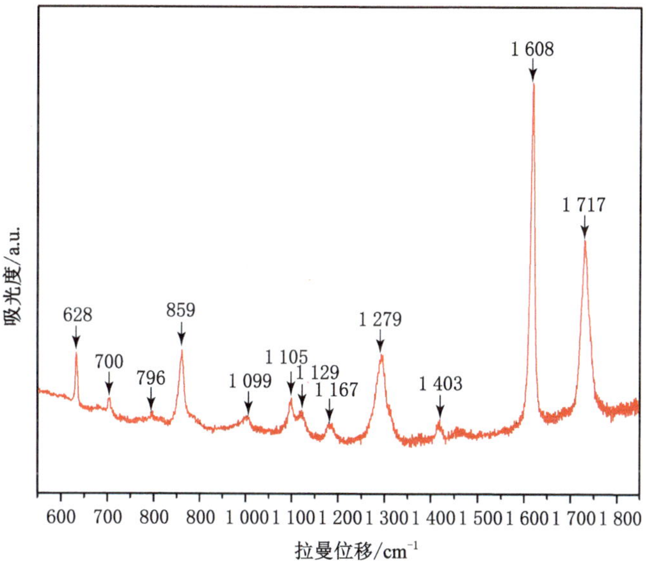

图 4-1　室温环境下的 PET 拉曼光谱

表 4-1 列出了这些振动模式及其对应的拉曼峰值。

表 4-1　PET 拉曼官能团的分配

拉曼位移/cm^{-1}	分配
628、700、796	孤立和氢键作用下苯环振动中的 C—H 弯曲振动
859	环 C—C 和 C(O)—O 伸缩振动
1 099	C—O—C 反对称伸缩振动
1 105、1 129	酯 C(O)—O 和乙二醇 C—C 键的伸缩振动
1 167	C—H 环内平面和 C—C 键伸缩振动
1 279	C(O)—O 伸缩振动
1 403	C—CH 和 O—CH 弯曲振动
1 608	环模式 8a(Wilson,1934)
1 717	C═O 伸缩振动

注：表中数据见 Boerio et al.,1976；Rebollar et al.,2014。

4.3.2　PET 的高温水解降解过程

本研究在水环境中对 PET 的高温水解降解过程进行了深入研究。实验在 FSCR 中进行，控制饱和蒸汽压力下的温度条件，升温速率为 20 ℃/min。通过高分辨率光学显微镜记录了反应的不同阶段(图 4-2)。随着温度从 25 ℃升高到 280 ℃，PET 逐渐从初始的矩形转变为椭圆形，展示了其熔化过程。

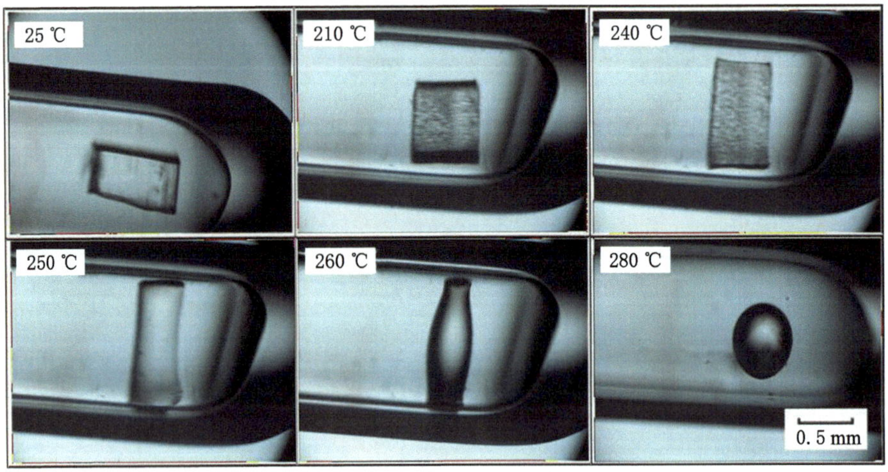

图 4-2　PET 在 25～280 ℃之间的光学显微图像(饱和蒸汽压下)

拉曼光谱进一步揭示了 PET 的热水解降解过程(图 4-3)。随着温度升高,特定拉曼峰的强度发生了明显变化。在 250 ℃以下,1 105 cm^{-1}处的峰强度始终大于1 129 cm^{-1}。然而,当温度达到或超过 250 ℃时,1 129 cm^{-1}处的峰强度明显超过了1 105 cm^{-1},表明 PET 中的酯 C(O)— O 键和乙二醇中的 C — C 键发生了变化,标志着 PET 从固态向熔融态的关键相变(图 4-2)。这一熔化过程也通过1 167 cm^{-1}附近拉曼带强度的增大得到验证。本研究中的熔点范围为 245～265 ℃,与 Yoshioka 等(2001)的研究结果一致。

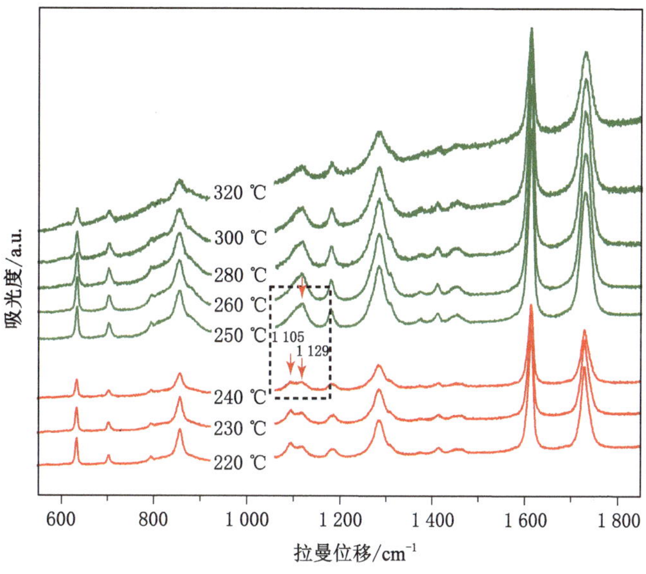

图 4-3　PET 在水解降解过程中随着温度升高的拉曼光谱变化

PET 在水溶液中的降解速率随着温度的升高发生显著变化。在 250 ℃以下,PET 的降解相对缓慢。如图 4-4 所示,在 220 ℃下,PET 在水溶液中反应 26 h 后,尽管光透过率有所下降,但体积变化不大。光透过率的降低主要是由于 PET 表面粗糙化引起的光散射,表明表面发生了少量降解。在 230 ℃下,经过 7.5 h 反应,PET 的体积减小了约 90%,但未发生熔化。在 240 ℃下,反应 1 h 20 min 后,PET 降解约 10%,这时 PET 开始熔化。1 h 27 min 后,PET 完全转变为滴状熔体,再经过 1 h 23 min 的反应,熔融的 PET 几乎完全降解。在 250 ℃下,PET 在 20 s 内迅速熔融并聚集成滴状,随后经过 60 min 后几乎完全降解。这些结果表明,240 ℃下的长时间反应可使固态 PET 熔化，而在相同温度下，固态 PET 在水中的降解速率显著低于熔融状态下的降解速率。

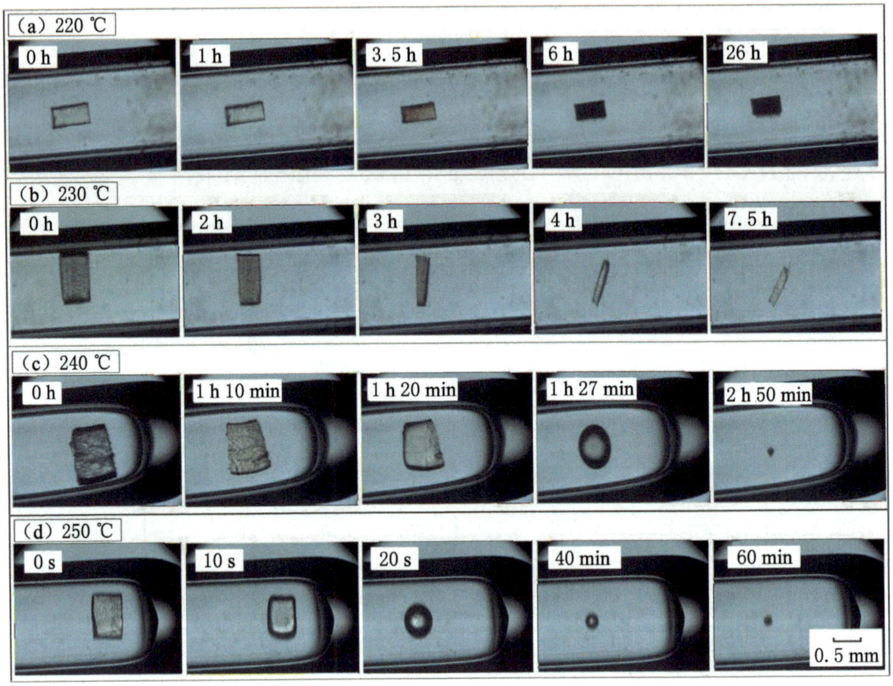

图 4-4　不同温度下 PET 水解降解过程的光学显微图像(饱和蒸汽压下)

当温度超过 250 ℃时，PET 的水解降解速率显著加快。如图 4-5 所示，在 320 ℃下，PET 在 4 min 内完全溶解。显微图像显示，在水解降解过程中，熔融的 PET 保持球形，并从外表面均匀降解。

4.3.3　PET 的冷却过程

本研究通过拉曼光谱对 PET 在熔融态和溶液态下，经历 320～50 ℃冷却过程中的变化进行了对比分析(图 4-6)。结果表明，在溶液态时，部分特征峰消失，尤其是 628 cm^{-1}(与孤立和氢键苯环中的 C—H 弯曲振动相关)、1 279 cm^{-1}[C(O)—O 伸缩振动]和 859 cm^{-1}[环 C—C 和 C(O)—O 伸缩振动]。然而，1 608 cm^{-1}(Wilson 符号中的环模式 8a)和 1 717 cm^{-1}(C ═O 伸缩振动)的拉曼峰仍然明显可见。结合 PET 的分子结构分析，这些变化表明 PET 在高温下经历了热溶解，形成了较小的酯类分子。

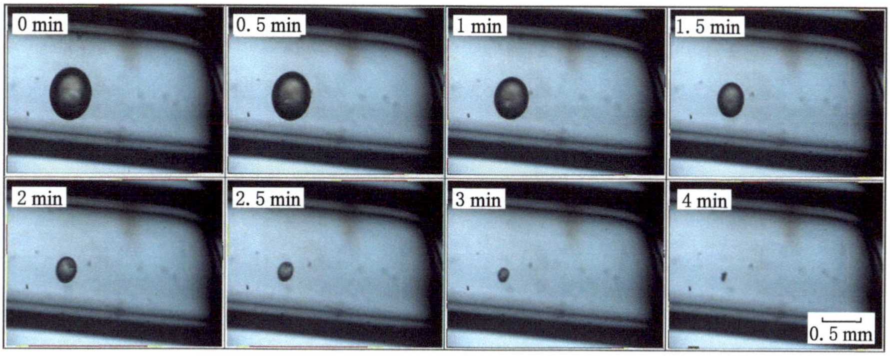

图 4-5　PET 在 320 ℃下水解降解过程中的显微图像(饱和蒸汽压下)

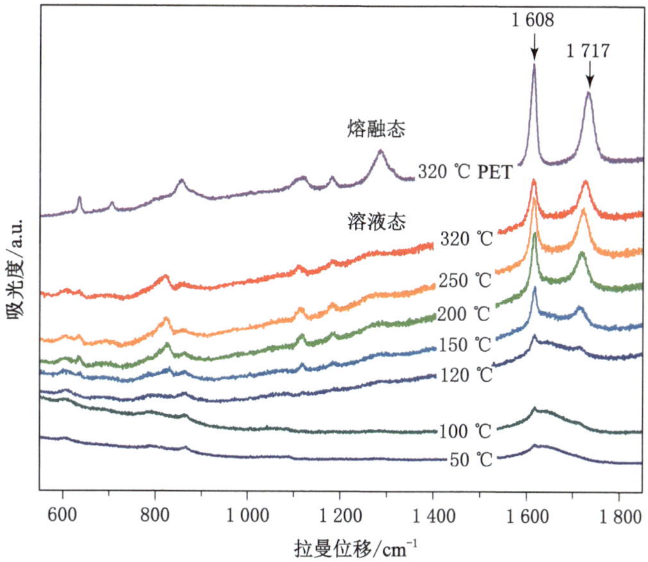

图 4-6　熔融态与溶液态 PET 在 320～50 ℃冷却过程中的拉曼光谱变化

在冷却过程中，拉曼光谱中的峰强度逐渐减弱，表明溶液浓度逐步降低。特别是在 1 717 cm^{-1}处，峰强度减小速度明显快于1 608 cm^{-1}处。为了消除激光强度和积分时间波动的影响，我们计算了 1 717 cm^{-1}与 1 608 cm^{-1}峰的强度比(S^{1717}/S^{1608})。如果仅受到温度影响，那么这两个峰的强度比应保持不变。然而，如果受到化学键变化的影响，那么会导致该比值发生变化。在冷却过程中，S^{1717}/S^{1608} 比值逐渐减小，并在约 150 ℃时减小的速率发生显著变化，斜率从 0.002 3 增加至 0.016(图 4-7)。这一变化表明，在 150 ℃附近，溶质的溶解度发生了突变。显微观察(图 4-8)进一步证实，在该温度下，物质开始发生沉淀。

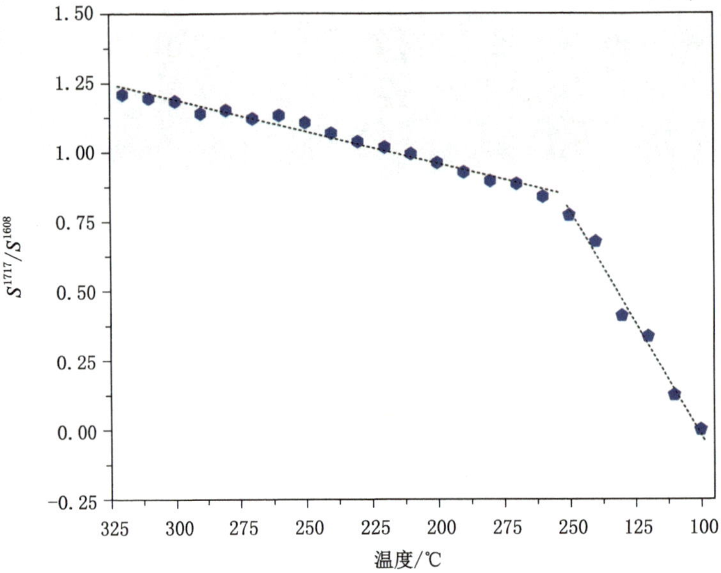

图 4-7　在冷却过程中 1 717 cm^{-1} 与 1 608 cm^{-1} 峰强度比值(S^{1717}/S^{1608})的变化

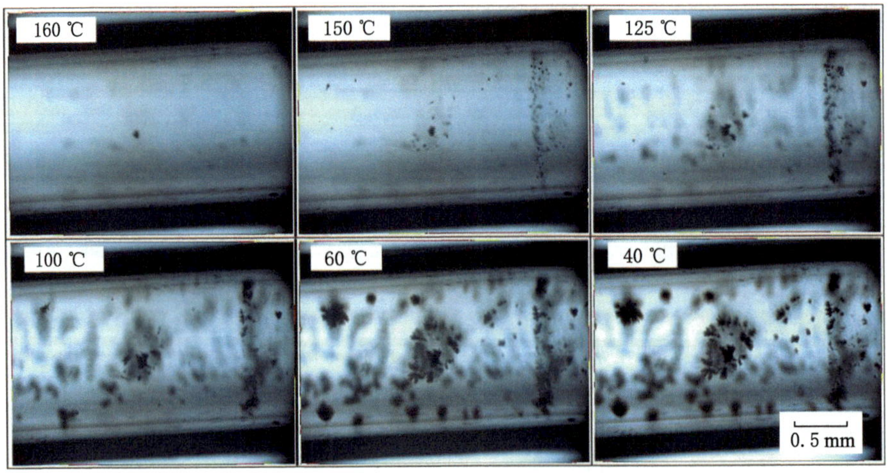

图 4-8　PET 从 160 ℃降至 40 ℃的显微图像(冷却过程)

如图 4-9 所示，沉淀产物在 600～1 800 cm^{-1}范围内表现出 8 个特征峰，分别位于 631 cm^{-1}(C—C 平面弯曲)、824 cm^{-1}(C—H 平面弯曲)、1 126 cm^{-1}(C—O 伸缩振动)、1 183 cm^{-1}(C—O 伸缩振动)、1 294 cm^{-1}(C—O 伸缩振动)、1 611 cm^{-1}(C═C 伸缩振动)、1 630 cm^{-1}(C═C 伸缩振动)和 1 643 cm^{-1}(C═C 伸缩振动)，这些峰与对苯二甲酸(TPA)的拉曼光谱特征一致(Colombo et al.，1990；Sun et al.，2017)。尤其是在冷却至 140 ℃时，1 630 cm^{-1}峰较弱，几乎不可见。然而，随着温度继续下降至 50 ℃，1 630 cm^{-1}峰显著增强，并明显超过1 611 cm^{-1}和1 643 cm^{-1}处的峰值。这一现象主要由温度变化引起，而非成分变化，表明 TPA 是 PET 水解的主要固体产物。

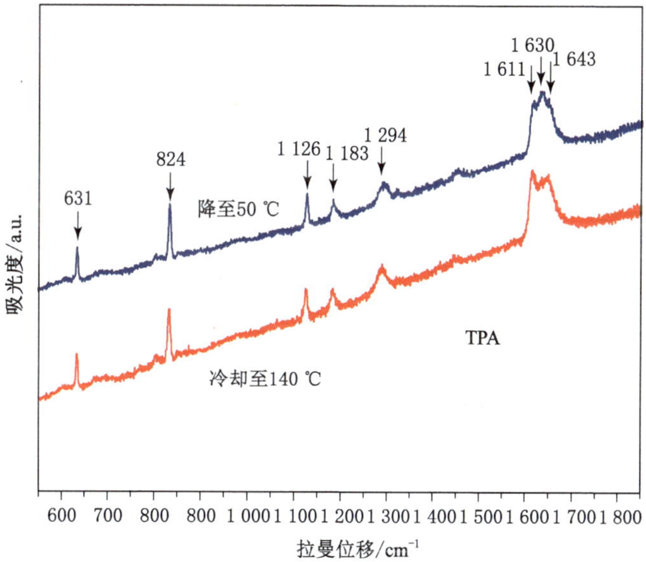

图 4-9　PET 水解后冷却至 140 ℃和 50 ℃的固体产物

液体产物通过高效液相色谱(HPLC)分析，色谱图在保留时间为 4～4.5 min 区间显示出显著峰[图 4-10(a)]。在 4.287 min 时，质谱与数据库中的乙二醇(EG)参考谱相匹配[图 4-10(b)]，确认 EG 为液体产物。因此，PET 的水解反应可表示为：PET+H_2O ⟶ TPA+EG(Hosseini et al.，2007；Lorenzetti et al.，2006)。

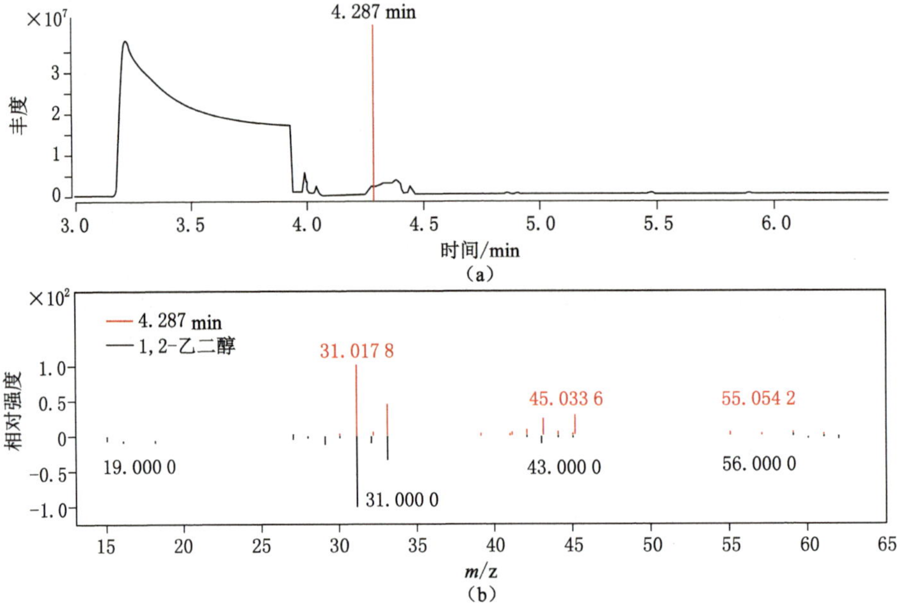

红线表示保留时间为 4.287 min 时的质谱；黑线表示来自谱库的 1,2-乙二醇质谱。

图 4-10　液体产物的 HPLC 色谱图和质谱分析

4.3.4　PET 水解降解的动力学模型

PET 的热溶解水解降解过程涉及固态 PET 溶解成液相，表现为大分子断裂为较小片段。我们通过监测体积随时间的变化来评估这一过程的动力学。使用光学显微技术，我们精确测量了椭球形 PET 样品的主轴（a 轴）和次轴（b 轴）长度（图 4-5），观察到热溶解速率在各个方向上均匀变化，因此，PET 的热溶解速率可以通过椭球体投影面积的变化来定量表示。不同温度和溶解时间下的 a 轴和 b 轴长度数据见附表 2。

PET 投影面积与水解时间的关系如图 4-11 所示。溶解过程的动力学表现为初期缓慢、随后加速、再到后期减缓的趋势，这一模式与 Logistic 模型十分吻合（Nieto，2022）。Logistic 方程广泛应用于聚合物降解过程的分析（Burnham et al.，2000，2005），表达式如下：

$$x(t)=\frac{1}{1+\left(\frac{1}{x_0}-1\right)e^{-kt}} \tag{4-1}$$

式中，$x(t)$为时间 t 时的物质含量(即 PET 投影面积的减少量)；k 为马尔萨斯参数(最大反应速率)；x_0 为初始条件$[x(t=0)]$，其值范围为 0～1。

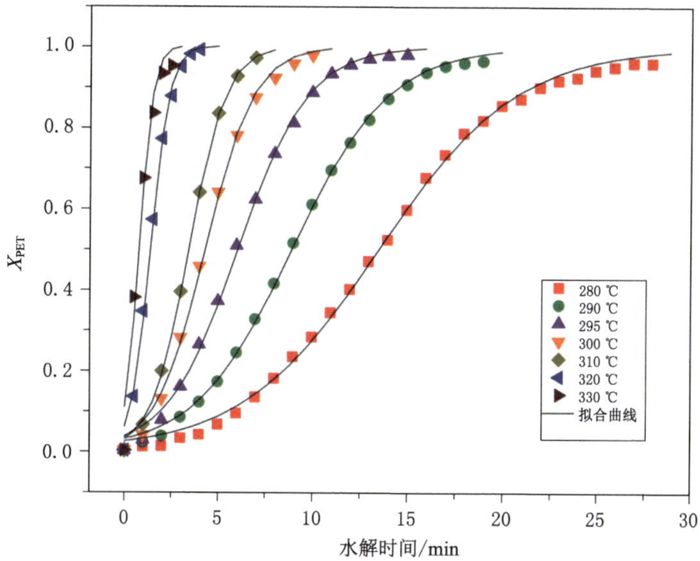

图 4-11　不同温度下 PET 在热溶解过程中的 X_{PET} 随时间的变化

根据附表 2 中的数据，使用式(4-1)进行拟合，拟合结果如图 4-11 所示。

PET 的热溶解过程表现出典型的自催化效应。在自催化反应中，热溶解速率受羧基端基团浓度的影响。随着降解的进行，这些端基团数量增加，从而增强了材料的亲水性，使水分更容易渗透到体系中，进一步促进自催化反应的发生(Hosseini et al.，2007)。我们的观察结果与 McMahon 等(1959)、Campanelli 等(1993)和 Liu 等(2012)的研究有所不同，可能是因为他们测量产品时间隔较长，未能捕捉到细微变化。而我们的结果与 İlhan 等(2010)、Pickett 等(2013)、Sammon 等(2000)以及 Hosseini 等(2007)的研究一致。

在 PET 的热溶解过程中，自催化作用起到了至关重要的作用。随着反应的推进，羧基端基团的形成加速了反应过程。这些基团通过释放质子促进了酯键的断裂。随着羧基端基团的积累，反应速率随时间增加，形成了一个自催化循环。这个自催化效应导致 PET 的热溶解速率随着时间推移而加快，而非保持恒定速率，这一点与 Hosseini 等(2007)的研究一致。

通过拟合方程(4-1)得到的 k 值(使用实验中测得的 X_{PET} 和 t 数据)列在

表 4-2 中。PET 热溶解的活化能(Q)可以通过阿仑尼乌斯公式计算：

$$\ln k = \ln A - \frac{Q}{RT} \tag{4-2}$$

式中，k 为反应速率；Q 为反应活化能，kJ/mol；R 为气体常数，取 8.314 J/(mol·K)；T 为温度；A 为与物质相关的预指数因子。

表 4-2　不同温度下 PET 热溶解反应常数拟合结果

T/℃	k	$\ln k$	$(1/T)\times 1\,000$
280	0.277 3	−1.282 66	1.801 802
290	0.394 2	−0.930 90	1.769 912
295	0.540 2	−0.615 82	1.754 386
300	0.774 4	−0.255 67	1.739 130
310	1.209 0	0.189 794	1.709 402
320	2.004 0	0.695 145	1.680 672
330	2.757 0	1.014 143	1.652 893

通过分析 $\ln k$ 与 $1/T$ 的关系图(图 4-12)，我们确定了 PET 热溶解过程的活化能为 134.89 kJ/mol(在 280～330 ℃的温度范围内)。这个值显著高于先前的研究结果，可能是由于实验方法、温度范围以及溶液成分的差异所致。

首先，许多早期研究采用了离线测试方法，涵盖了热溶解和水解过程，而我们的研究专注于 PET 的热溶解。例如，Campanelli 等(1993)报告了 PET 水解降解的活化能为 55.7 kJ/mol，测试温度为 250～280 ℃。这个差异可能是由于他们使用的离线测试方法可能涉及其他反应过程。

其次，大多数早期研究集中在 PET 熔点以下的温度(约 250 ℃)。低于此温度的水解活化能与熔融 PET 的水解活化能差异显著。例如，McMahon 等(1959)发现 PET 水解降解的活化能范围为 104～133 kJ/mol，测试温度为 60～130 ℃，且湿度对结果有较大影响。Allen 等(1991)和 Zhang 等(1995)分别在 90 ℃和 45%的相对湿度以及浸水状态下测得的活化能为 91 kJ/mol 和 92 kJ/mol。

最后，溶液成分对活化能的影响也不可忽视。催化剂的存在可以促进 PET 的水解，而某些抑制剂则可能减缓水解过程。例如，Mishra 等(2003)和 Ravens 等(1961)分别观察到，在不同条件下(H_2SO_4 和 HCl 催化剂，温度分别为 88～140 ℃和 150～220 ℃)，PET 水解的活化能分别为 56.8 kJ/mol 和

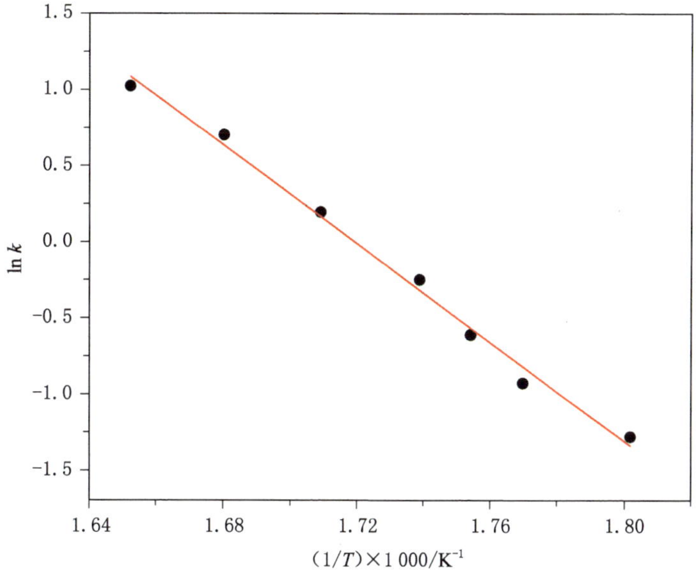

图 4-12　X_{PET}值的 $1/T$ 与 $\ln k$ 拟合曲线

75.4～92.1 kJ/mol。

这一对比分析表明，PET 水解降解的活化能在很大程度上依赖于反应环境，包括温度、湿度、溶液成分及催化剂的种类和浓度等因素。因此，在不同的实验条件下，PET 的水解降解速率和活化能可能会显著不同。这一发现对于工业应用中选择合适的反应条件尤为重要，尤其是在偏向无酸工艺的生产过程中。无酸工艺通常在环保、成本控制以及提高反应选择性方面具有明显优势，因此，理解这些反应环境对活化能的影响，对于优化 PET 降解工艺和实现高效、绿色的工业生产具有重要的指导意义。

4.4　本章小结

本研究通过原位拉曼光谱和显微观察，全面分析了聚对苯二甲酸乙二醇酯(PET)在高温下的水解降解过程，揭示了其关键的结构和形态变化。研究发现，当 PET 加热至 250 ℃时，拉曼光谱中 C(O)— O 和 C — C 特征峰的强度发生了显著变化，反映了 PET 分子结构的显著变化。显微分析进一步确认，在 250 ℃时，PET 的形态发生明显改变，且这一变化与其熔点一致。

在 220～250 ℃的等温条件下，固态 PET 开始发生水解降解，并在 240 ℃时出现熔化现象。研究表明，熔融状态下的降解速率显著高于固态，凸显了相变对降解过程的促进作用。

PET 的水解降解过程可以分为两个阶段：首先，PET 在高温下发生热溶解，转化为较小的分子片段；然后，这些片段在约 150 ℃时发生水解，生成对苯二甲酸（TPA）作为主要固体产物，乙二醇（EG）作为液体产物。拉曼光谱分析显示，熔融状态下的 PET 降解符合热溶解机制。动力学分析表明，溶解速率遵循 Logistic 模型，且活化能为 135 kJ/mol。通过高效液相色谱（HPLC）分析确认，乙二醇为主要液体产物。同时，拉曼光谱也显示，在 150 ℃时，TPA 开始沉淀，并且 S^{1717}/S^{1608} 峰面积比显著降低，进一步验证了 PET 分子结构的转变。

本研究深入揭示了 PET 的水解降解机理，为提高 PET 的回收效率和推动环境可持续性提供了重要的数据支持和理论依据。

第 5 章　聚乙烯(PE)与聚丙烯(PP)混合物的红外光谱法(FTIR)定量分析研究

5.1　引言

聚乙烯(PE)和聚丙烯(PP)是广泛应用于包装及其他行业的重要高分子材料。未妥善回收会造成资源浪费和环境污染,它们的有效回收、分类和再利用显得尤为重要。Camacho 等(2001)指出,即使少量 PP 混入 PE 中或 PE 混入 PP 中,都会显著改变材料性能,进而影响其应用。因此,对 PE 和 PP 的精确鉴定与分选至关重要(Larsen et al.,2021)。然而,现有回收技术如水浮选分离法,难以实现对 PP 与 PE 的高效分离,这表明亟需一种精准便捷的技术来监测 PP 中的 PE 含量(Wang et al.,2023)。

常用的 PE 和 PP 分选方法包括差示扫描量热法(DSC)、高效液相色谱法(HPLC)、升温梯度洗脱分级法(TREF)和结晶分析分级法(CRYSTAF)等。差示扫描量热法利用 PP 熔点高于 PE 的特点,通过测量熔融焓区分两者的具体组成,但其准确性有限(Camacho et al.,2001;Ragaert et al.,2017;Kisiel et al.,2019;Larsen et al.,2021)。其他技术如 HPLC、TREF 和 CRYSTAF,虽然能够分选混合物,但通常需要昂贵的设备、复杂的样品准备和较长的分析时间(Heinz et al.,2005;Monrabal et al.,2011;Wang et al.,2023)。

相比之下,光谱学具有操作简便、快速、非破坏性和成本低的优势,已广泛用于高分子材料分析(McClure,1994;Chalmers,2013;Prokhorov et al.,2016;

Adarsh et al.,2022)。由于聚乙烯和聚丙烯的化学结构不同,所以光谱技术可有效区分这两种聚合物并监测其组成(Riaz et al.,2010)。例如,Larsen 等(2021)利用傅里叶变换红外光谱(FTIR)分析 PP/PE 比率,发现1 168 cm^{-1}与 716 cm^{-1}的峰高比可反映 PE 含量,并建立了二次方程模型。Shemouratov 等(2009)采用拉曼光谱,发现1 295 cm^{-1}和1 330 cm^{-1}的峰强度可用于估算 PE 含量。Wang 等(2023)通过近红外和拉曼光谱对回收聚丙烯中的 PE 含量进行定量分析,并建立了基于 PP-PE 混合物的定量模型。

尽管已有研究表明红外峰面积与物质浓度之间存在正相关性(Sağin et al.,2012;Veerasingam et al.,2014),但目前的研究多集中于单一峰值,缺乏对峰值间关系的系统探索。因此,深入探索更多峰值之间的关系具有重要意义,为 PP-PE 混合物的定量分析提供新的研究方向。

本研究采用傅里叶变换红外光谱(FTIR)对不同比例的 PP-PE 粉末样品进行分析,通过压片法制备样品,并重点计算了特征峰的面积。基于实验数据,建立了新的方程式,旨在提供一种简单、快速且准确的技术方法,用于回收过程中实时监测 PP 与 PE 的含量。

5.2 实验部分

聚丙烯[PP,分子式:$(C_3H_6)_n$]和聚乙烯[PE,分子式:$(C_2H_4)_n$]采用 200 目超纯粉末,购自中成塑料公司。在实验中,使用精密电子天平准确称取一定量的 PE 和 PP 粉末,按质量比 1∶1、2∶1、3∶1、4∶1 和 5∶1 混合。将混合粉末置于玛瑙研钵中充分研磨,确保均匀混合。为了进行红外光谱测定,再将混合粉末与 KBr 粉末按质量比 150∶2(KBr∶混合物)混合,并继续研磨,直至粒径小于 2.5 μm。

接着,分别称取 30 g 的 PE 与 PP 混合物与 KBr 混合粉末、30 g 的 PE 与 KBr 混合粉末、30 g 的 PP 与 KBr 混合粉末以及 30 g 的纯 KBr 粉末,置于压片模具中,使用压片机压制成透明薄片。这些薄片随后放置在傅里叶变换红外光谱仪的样品架上进行光谱分析。实验中,纯 KBr 薄片用作背景参照,背景信号从样品光谱中剔除。

红外光谱分析采用美国 Thermo Scientific 公司生产的 Nicolet IS50 FT-IR 光谱仪完成。该仪器光谱分辨率优于 0.09 cm^{-1},信噪比高于 55 000,波数精度小于 0.005 cm^{-1},配备 24 位 500 kHz 高灵敏度 DLaTGS 探测器,支持自动切换探测器系统，一键完成全光谱范围的光谱采集。仪器采用涂锗 KBr 光束分束器，可捕捉 700～4 000 cm^{-1}范围内的光谱。本实验的光谱采集分辨率设置为 4 cm^{-1}，每个样品扫描 32 次。

在峰面积计算前，光谱数据未进行平滑处理。我们先确定用于分析的 FTIR 特征峰波数范围，对光谱进行基线修正后，采用高斯拟合法计算峰面积，以确保对 PE 和 PP 样品特征的表征准确且可靠。

5.3　结果与讨论

在常温下，聚丙烯(PP)在 700～4 000 cm^{-1}的波数范围内呈现出 12 个明显的红外吸收峰，分别位于 843 cm^{-1}、975 cm^{-1}、1 025 cm^{-1}、1 101 cm^{-1}、1 164 cm^{-1}、1 380 cm^{-1}、1 463 cm^{-1}、2 840 cm^{-1}、2 872 cm^{-1}、2 923 cm^{-1}、2 954 cm^{-1}和2 962 cm^{-1}。聚乙烯(PE)则展现出 6 个主要的强吸收峰，分别位于 722 cm^{-1}、734 cm^{-1}、1 465 cm^{-1}、1 476 cm^{-1}、2 850 cm^{-1}和2 921 cm^{-1}(图 5-1)。

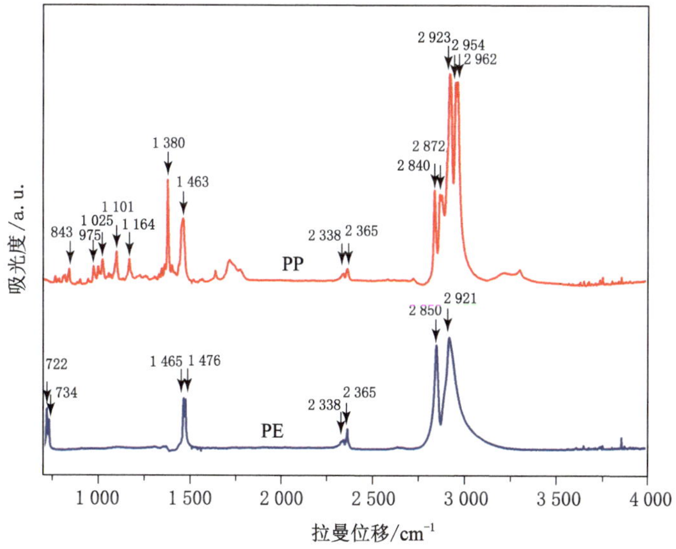

图 5-1　PE 和 PP 的 FTIR 光谱

这些观测结果与 Andreassen 等(1999)以及 Krimm 等(1956)的研究结果一致。与这些吸收峰对应的功能团信息详见表 5-1。

表 5-1 PP 和 PE 的 FTIR 光谱及功能团分配

	频率/cm^{-1}	分配
PP	2 962	υCH_3 asym.(不对称)
	2 954	υCH_3 asym.(不对称)
	2 923	υCH_2 asym.(不对称)
	2 872	υCH_3 sym.(对称)
	2 840	υCH_2 sym.(对称)
	1 463	σCH_3 asym.(不对称),σCH_2
	1 380	σCH_3 sym.,ωCH_2,σCH,υCC_b
	1 164	υCC_b,ρCH_3,σCH
	1 101	υCC_b,CH_3,ωCH_2,τCH,σCH
	1 025	$\upsilon C-CH_3$,υCC_b,σCH
	975	ρCH_3,υCC_b
	843	ρCH_2,υCC_b,$\upsilon C-CH_3$,ρCH_3
PE	2 921	$\upsilon(CH_2)$
	2 850	$\upsilon(CH_2)$
	1 476	$\sigma(CH_2)$
	1 465	$\sigma(CH_2)$
	734	$\omega(CH_2)$
	722	$\omega(CH_2)$

注:σ—弯曲振动;υ—伸展振动;ρ—摇摆振动;τ—扭转振动;ω—摆动。

图 5-2 展示了不同质量比 PE 和 PP 混合物的红外光谱特征。在 700～1 400 cm^{-1}波数范围内,PE 在 722 cm^{-1}和 734 cm^{-1}处表现出两个显著的吸收峰,而 PP 在该范围内未出现相应的吸收峰,因此这两个峰可作为 PE 的特征标志。相对的,PP 在 740～1 400 cm^{-1}波数范围内显示了多个红外吸收峰,而 PE 没有类似的吸收现象,这些峰因此可作为 PP 的特征标志。在1 400～3 100 cm^{-1}范围内,PE 和 PP 均出现吸收峰,其中 PE 在 1 463 cm^{-1}以及 2 770～3 080 cm^{-1}范围内表现出吸收峰。然而,由于该范围内的吸收峰为两种聚合物所共有,因此不适合用于它们的定量区分。此外,在2 338 cm^{-1}和

2 365 cm^{-1}处检测到的吸收峰被确认是大气中二氧化碳的特征吸收峰。用于计算峰面积的积分范围基于吸收峰的宽度和高度确定，具体范围如图 5-2 所示。

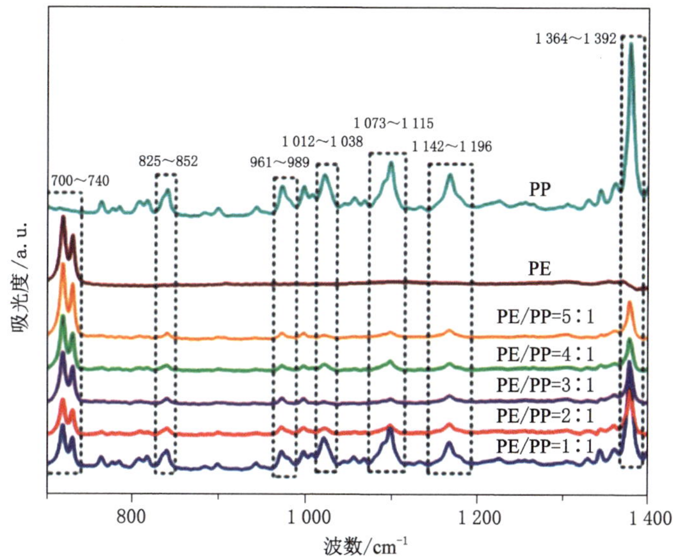

(a)

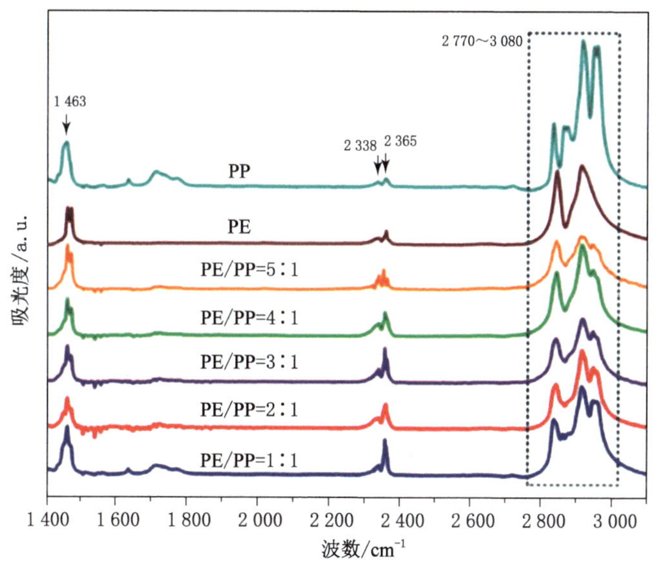

(b)

图 5-2　不同质量比 PE-PP 混合物的 FTIR 光谱

我们通过高斯拟合方法计算了不同 PP/PE 比下的峰面积,相关数据列于表 5-2 中。

表 5-2 不同 PE/PP 比率下的峰面积计算结果

PE/PP 比	$S^{722+734}$	S^{843}	S^{975}	S^{1025}	S^{1101}	S^{1164}	S^{1380}
1∶1	1.99	0.62	0.63	0.87	2.03	1.31	2.89
2∶1	1.70	0.21	0.25	0.17	0.44	0.51	1.25
3∶1	2.37	0.21	0.18	0.09	0.23	0.40	0.99
4∶1	2.48	0.19	0.17	0.20	0.50	0.36	0.85
5∶1	3.53	0.17	0.18	0.11	0.27	0.40	0.98

通过对表 5-2 中数据的深入分析,本研究探讨了 PE 和 PP 特征吸收峰面积比与质量比之间的关系,重点分析了 PE 在 722 cm^{-1}和 734 cm^{-1}处的吸收峰面积与 PP 在 843 cm^{-1}、975 cm^{-1}、1 025 cm^{-1}、1 101 cm^{-1}、1 164 cm^{-1}和 1 380 cm^{-1}处的吸收峰面积比之间的关联,如图 5-3 所示。

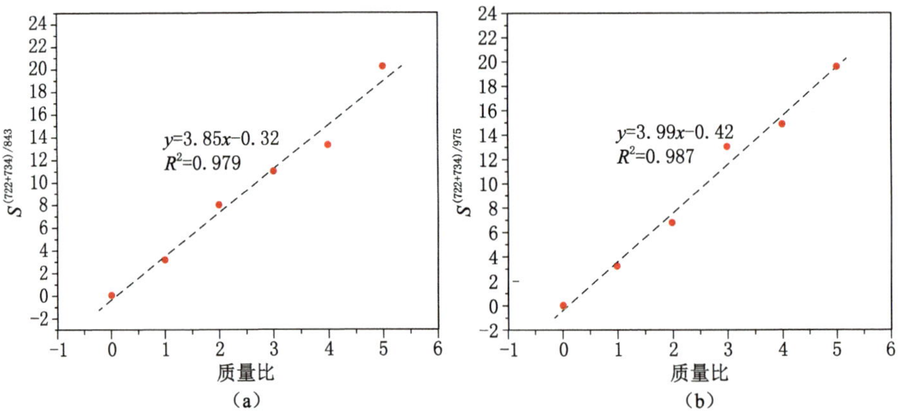

图 5-3 聚丙烯(PP)和聚乙烯(PE)特征峰面积比与质量比关系

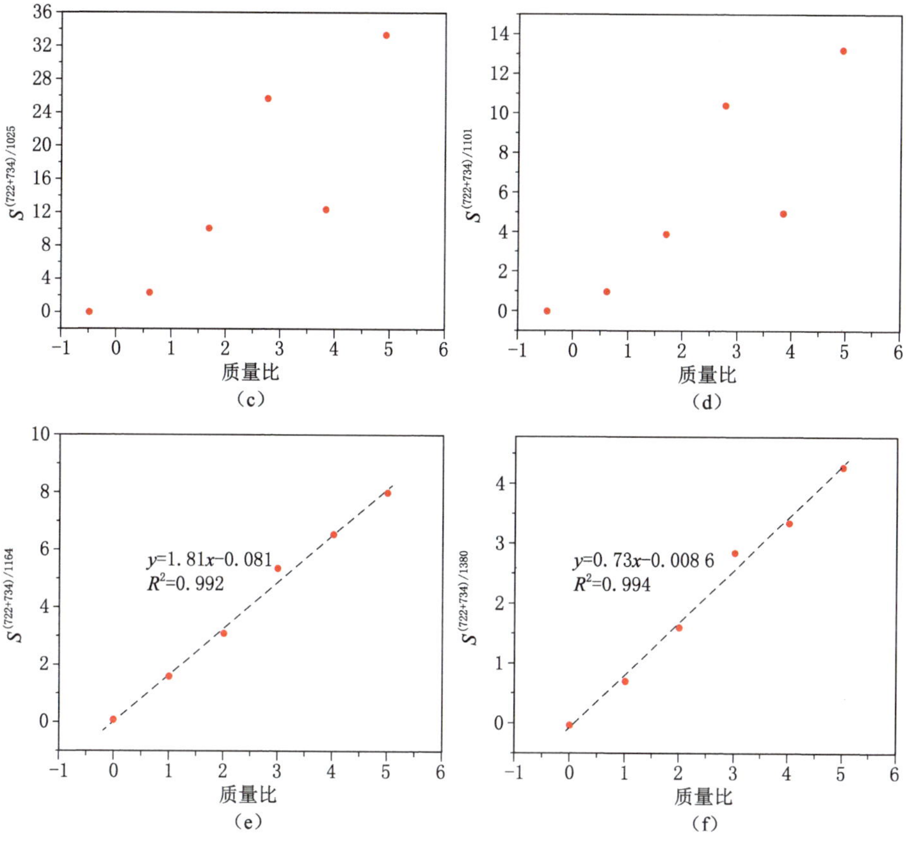

图 5-3 （续）

结果表明，PP 在1 025 cm^{-1}和1 101 cm^{-1}处的峰面积与 PE 在 722 cm^{-1}和 734 cm^{-1}处的峰面积比之间未表现出显著相关性。然而，PP 在 843 cm^{-1}、975 cm^{-1}、1 164 cm^{-1}和1 380 cm^{-1}处的峰面积与 PE 在 722 cm^{-1}和 734 cm^{-1}处的峰面积比之间呈现出显著的线性相关性。回归方程分别为：$y=0.85x-0.32$，$y=3.99x-0.42$，$y=1.81x-0.081$，$y=0.73x-0.008\ 6$。这些显著的线性关系为快速、无损且精确地评估回收聚丙烯中聚乙烯的含量提供了重要依据，进一步推动了聚合物回收技术的应用与发展，并对材料科学领域做出了积极贡献。

5.4 本章小结

本研究利用傅里叶变换红外光谱(FTIR)对聚丙烯(PP)和聚乙烯(PE)的定量分析进行了深入探讨。结果显示,PE 在 722 cm^{-1}和 734 cm^{-1}处的特征吸收峰面积与 PP 在 843 cm^{-1}、975 cm^{-1}、1 164 cm^{-1}和1 380 cm^{-1}处的特征吸收峰面积之间具有显著的线性相关性,回归方程分别为:$y=0.85x-0.32$,$y=3.99x-0.42$,$y=1.81x-0.081$,$y=0.73x-0.008\ 6$。这些方程为定量分析混合物中 PE 和各向同性 PP 的含量提供了可靠的理论基础。该方法显著提高了对聚合物混合材料的鉴定和定量分析精度,为材料科学和聚合物回收领域提供了新的研究思路。这一进展不仅为混合物成分的快速、准确检测提供了强有力的工具,还为聚合物的再利用和资源循环利用奠定了技术基础。

第6章　结论与展望

6.1　结论

本书系统研究了聚乳酸(PLA)、聚对苯二甲酸乙二醇酯(PET)在高温环境下的水解与热解行为，以及聚乙烯(PE)-聚丙烯(PP)混合物的成分定量分析方法，取得了以下主要结论。

(1) 聚乳酸(PLA)的水解与热解行为

PLA 在水解和热解过程中的初始熔融温度约为 170 ℃。热解产物主要包括 CO_2、$CH_3CH{=}C{=}O$ 和 CH_3CHO，表明其热解过程受自由基反应主导。水解过程中，PLA 的 C—O—C 和 C—C—O 键优先断裂，生成乳酸、乙醇、CO_2 和 H_2O。水解速率随温度升高呈现 S 形变化趋势。动力学分析显示，该过程符合 Logistic 模型，活化能为 75.7 kJ/mol。研究结果为 PLA 在工业生产和降解应用中提供了关键理论依据和动力学参数。

(2) 聚对苯二甲酸乙二醇酯(PET)的水解降解行为

PET 在升温至 250 ℃时，C(O)—O 和 C—C 化学键发生显著变化，结构开始转变。PET 降解过程遵循“热溶解-碎片水解”两阶段机制：在 220～250 ℃范围内，固态 PET 缓慢水解，240 ℃下维持 1 h 后熔融，熔融后降解速率显著加快。最终降温至 150 ℃时生成对苯二甲酸(TPA)和乙二醇(EG)。动力学分析结果表明，PET 降解过程符合 Logistic 模型，活化能为 135 kJ/mol。这一研究成果为 PET 的高效回收与绿色处理提供了科学依据和技术参考。

(3) 聚乙烯(PE)-聚丙烯(PP)混合物的定量分析

傅里叶变换红外光谱(FTIR)分析显示,PE 在 722 cm^{-1}和 734 cm^{-1}处的峰面积与 PP 在 843 cm^{-1}、975 cm^{-1}、1 164 cm^{-1}和1 380 cm^{-1}处的峰面积比之间存在显著的线性关系,分别符合 $y=0.85x-0.32$、$y=3.99x-0.42$、$y=1.81x-0.081$和 $y=0.73x-0.008\,6$的方程关系。这些线性方程为 PE-PP 混合物的成分定量分析提供了科学依据,有助于深入理解聚合物共混材料的组成特性。

本书揭示了聚乳酸(PLA)和聚对苯二甲酸乙二醇酯(PET)在高温环境下的分解机理及动力学特征,提出了 PE-PP 混合物成分定量分析的有效方法。研究成果不仅拓展了聚合物降解行为的科学理解,也为聚合物材料的绿色生产、工业优化和环保型回收利用提供了重要的理论基础和技术支持。

6.2 展望

聚合物材料的降解与回收利用仍面临诸多挑战与发展空间。未来的研究可从以下几个方面展开。

(1) 多因素耦合作用下聚合物降解行为研究

本研究主要聚焦于温度对聚合物水解与热解行为的影响,未来可进一步探讨湿度、压力、催化剂等多因素耦合作用下的降解机理。特别是针对 PLA 和 PET 材料,引入不同类型的催化剂或助剂,研究其对降解速率和产物分布的影响,有助于开发更高效、绿色的降解与回收技术。

(2) 降解产物的资源化利用

研究结果表明,PLA 和 PET 在降解过程中分别生成乳酸、乙醇、对苯二甲酸(TPA)和乙二醇(EG)等化学品。未来可进一步研究如何高效提取、纯化这些降解产物,并将其作为高附加值化工原料,拓宽降解产物的资源化利用路径,实现废弃聚合物材料的循环经济和价值最大化。

(3) 聚合物共混体系的复杂成分分析

针对 PE-PP 混合物的定量分析已取得初步成果,但实际工业废弃物中常含有多种不同种类的聚合物及添加剂。未来研究可拓展至多组分复杂共混体系的定量与定性分析,借助先进的光谱技术与数据分析模型(如机器学习算法),提升分析精度和效率,为废旧塑料的高效分选与回收利用提供技术支持。

(4) 降解动力学模型的深入完善

现阶段 PLA 和 PET 的降解动力学研究采用了 Logistic 模型，但该模型在处理更复杂的降解体系和非线性行为时可能存在局限性。未来可结合多尺度模拟、分子动力学模拟等先进计算手段，构建更精准、更全面的动力学模型，以揭示聚合物降解过程中的微观机制和速率控制步骤。

聚合物材料在高温环境下的降解行为与成分分析研究具有广阔的发展前景。未来的研究将不断深化对降解机制和动力学特征的理解，推动环保、高效、可持续的聚合物回收与再利用技术的发展，助力材料科学与环境保护领域的创新与进步。

参考文献

毕晨曦,2020.聚乳酸塑料在高温下水解降解的研究[D].大连:大连理工大学.
金离尘,刘春华,2008.聚酯工业的多元化发展[J].聚酯工业,21(2):1-7.
李瑞芳,2009.PET 瓶回收再生技术进展[J].广东化工,36(7):302-305.
刘峰,魏刚,闫光红,2007.PET 瓶回收料的改性研究进展[J].塑料科技,35(10):108-111.
钱伯章,2010.欧美废旧塑料回收利用近况[J].国外塑料,28(3):58-61.
钱伯章,朱建芳,2008.废塑料回收利用现状与技术进展[J].化学工业,26(12):33-40.
沈德言,1985.红外光谱法在高分子研究中的应用[M].北京:科学出版社.
汪海,杨松伟,陈庆华,2009.简析废旧塑料回收现状[J].中国资源综合利用,27(7):11-13.
王恩洪,汪家宝,韩琛,等,2010.废 PET 瓶回收利用及其再生料工程塑料化改性研究进展[J].化学推进剂与高分子材料,8(1):28-33.
王兴原,费美丽,陈纪忠,2013.基于在线红外光谱研究聚对苯二甲酸乙二醇酯(PET)的解聚反应过程[J].高校化学工程学报,1:58-64.
翁诗甫,2016.傅里叶变换红外光谱分析[M].3 版.北京:化学工业出版社.
杨俊辉,2008.废弃 PET 的化学降解与回收研究[J].包装工程,29(4):27-30.
庚莉萍,2006.国内外塑料循环利用和新技术进展情况[J].湖南包装,21(3):11-13.
张从容,安林红,2001.聚对苯二甲酸乙二醇酯回收技术进展及前景[J].中国塑料,15(10):79-82.

张燃，2010.近期 PET 系列产品循环利用新技术[J].聚酯工业，23(4)：11-13.

朱道平，2009.塑料包装废弃物回收处理及进展[J].上海塑料，37(3)：25-29.

ADARSH U K，KARTHA V B，SANTHOSH C，et al，2022.Spectroscopy：a promising tool for plastic waste management[J].Trac trends in analytical chemistry，149：116534.

ALLEN N S，EDGE M，MOHAMMADIAN M，et al，1991.Hydrolytic degradation of poly(ethylene terephthalate)：importance of chain scission versus crystallinity[J].European polymer journal，27(12)：1373-1378.

AL-MULLA A，2012.Enthalpy-entropy compensation in polyester degradation reactions[J].International journal of chemical engineering，1：782346.

AL-SALEM S M，LETTIERI P，BAEYENS J，2009.Recycling and recovery routes of plastic solid waste (PSW)：a review[J].Waste management，29(10)：2625-2643.

ANDREASSEN E，1999.Infrared and Raman spectroscopy of polypropylene[M]//Polypropylene.Dordrecht：Springer Netherlands：320-328.

AURAS R，HARTE B，SELKE S，2004.An overview of polylactides as packaging materials[J].Macromolecular bioscience，4(9)：835-864.

BAKIR A，ROWLAND S J，THOMPSON R C，2012.Competitive sorption of persistent organic pollutants onto microplastics in the marine environment[J].Marine pollution bulletin，64(12)：2782-2789.

BALLARA A，VERDU J，1989.Physical aspects of the hydrolysis of polyethylene terephthalate[J].Polymer degradation and stability，26(4)：361-374.

BOERIO F J，BAHL S K，MCGRAW G E，1976.Vibrational analysis of polyethylene terephthalate and its deuterated derivatives[J].Journal of polymer science：polymer physics edition，14(6)：1029-1046.

BROWN G E，O'BRIEN R C，1975.Method for recovering terephthalic acid and ethylene glycol from polyester materials：FR2262016A1[P].1975-09-19.

BURNHAM A K，2000.Application of the šesták-berggren equation to organic and inorganic materials of practical interest[J].Journal of thermal analysis and calorimetry，60(3)：895-908.

BURNHAM A K，WEESE R K，2005.Kinetics of thermal degradation of explosive binders Viton A，Estane，and Kel-F[J].Thermochimica acta，426

(1/2):85-92.

CAMACHO W, KARLSSON S, 2001. NIR, DSC, and FTIR as quantitative methods for compositional analysis of blends of polymers obtained from recycled mixed plastic waste[J]. Polymer engineering and science, 41(9): 1626-1635.

CAMPANELLI J R, KAMAL M R, COOPER D G, 1993. A kinetic study of the hydrolytic degradation of polyethylene terephthalate at high temperatures[J]. Journal of applied polymer science, 48(3): 443-451.

CASALINI T, ROSSI F, CASTROVINCI A, et al, 2019. A perspective on polylactic acid-based polymers use for nanoparticles synthesis and applications[J]. Frontiers in bioengineering and biotechnology, 7: 259.

CHALMERS J M, 2013. Infrared spectroscopy in analysis of polymers and rubbers[M]. Atlanta: American Cancer Society.

CHOU I M, PAN Z Y, 2014. Fused silica capillary reactor and its applications [M]//Near-critical and Supercritical Water and Their Applications for Biorefineries. Dordrecht: Springer Netherlands: 157-178.

CHU C C, 1981. Hydrolytic degradation of polyglycolic acid: tensile strength and crystallinity study [J]. Journal of applied polymer science, 26 (5): 1727-1734.

CIALLA-MAY D, SCHMITT M, POPP J, 2019. Theoretical principles of Raman spectroscopy[J]. Physical sciences reviews, 4(6): 1-9.

ČOLNIK M, PEČAR D, KNEZ Ž, et al, 2022. Kinetics study of hydrothermal degradation of PET waste into useful products[J]. Processes, 10(1): 24.

COLOMBO L, VOLOVŠEK V, FURIĆ K, et al, 1990. Application of Raman spectroscopy in recognition of the two crystalline forms of terephthalic acid[J]. Journal of Raman spectroscopy, 21(3): 169-175.

CRISTINA A M, SARA F, FAUSTO G, et al, 2018. Degradation of post-consumer PLA: hydrolysis of polymeric matrix and oligomers stabilization in aqueous phase [J]. Journal of polymers and the environment, 26 (12): 4396-4404.

DEGÉE P, DUBOIS P, JÉRÔME R, 1997. Bulk polymerization of lactides initiated by aluminium isopropoxide, 2. Beneficial effect of lewis bases and transfer agents [J]. Macromolecular chemistry and physics, 198 (6):

1973-1984.

DORGAN J R, LEHERMEIER H J, PALADE L I, et al, 2001. Polylactides: properties and prospects of an environmentally benign plastic from renewable resources[J]. Macromolecular symposia, 175(1): 55-66.

DRUMRIGHT R E, GRUBER P R, HENTON D E, 2000. Polylactic acid technology[J]. Advanced materials, 12(23): 1841-1846.

ELSAWY M A, KIM K H, PARK J W, et al, 2017. Hydrolytic degradation of polylactic acid (PLA) and its composites[J]. Renewable and sustainable energy reviews, 79: 1346-1352.

ERIKSEN M, MAXIMENKO N, THIEL M, et al, 2013. Plastic pollution in the south Pacific subtropical gyre[J]. Marine pollution bulletin, 68(1/2): 71-76.

FARAH S, ANDERSON D G, LANGER R, 2016. Physical and mechanical properties of PLA, and their functions in widespread applications: a comprehensive review[J]. Advanced drug delivery reviews, 107: 367-392.

GAO J, JIN Z F, PAN Z Y, 2012. Depolymerization of poly(trimethylene terephthalate) in hot compressed water at 240-320 ℃[J]. Polymer degradation and stability, 97(9): 1838-1843.

GARDETTE M, THÉRIAS S, GARDETTE J L, et al, 2011. Photooxidation of polylactide/calcium sulphate composites[J]. Polymer degradation and stability, 96(4): 616-623.

GOLIKE R C, LASOSKI S W, 1960. Kinetics of hydrolysis of polyethylene terephthalate films[J]. The journal of physical chemistry, 64(7): 895-898.

GRIFFITHS P R, 1983. Fourier transform infrared spectrometry[J]. Science, 222(4621): 297-302.

GRIZZI I, GARREAU H, LI S, et al, 1995. Hydrolytic degradation of devices based on poly(dl-lactic acid) size-dependence[J]. Biomaterials, 16(4): 305-311.

HEINZ L C, PASCH H, 2005. High-temperature gradient HPLC for the separation of polyethylene-polypropylene blends[J]. Polymer, 46(26): 12040-12045.

HOPMANN C, SCHIPPERS S, HÖFS C, 2015. Influence of recycling of poly(lactic acid) on packaging relevant properties[J]. Journal of applied polymer science, 132(9): 41532.

HOSSEINI S S, TAHERI S, ZADHOUSH A, et al, 2007. Hydrolytic degradation of poly(ethylene terephthalate)[J]. Journal of applied polymer science, 103(4): 2304-2309.

HUANG F, HUANG Y Y, PAN Z Y, 2012. Depolymerization of ODPA/ODA polyimide in a fused silica capillary reactor and batch autoclave reactor from 320 to 350 ℃ in hot compressed water[J]. Industrial and engineering chemistry research, 51(20): 7001-7006.

LHAN Ö, BOZOKLU G, DALGDIR C, et al, 2010. Improvement in gas permeability of biaxially stretched PET films blended with high barrier polymers: the role of chemistry and processing conditions[J]. European polymer journal, 46(2): 226-237.

ISLAM M S, PICKERING K L, FOREMAN N J, 2010. Influence of accelerated ageing on the physico-mechanical properties of alkali-treated industrial hemp fibre reinforced poly(lactic acid) (PLA) composites[J]. Polymer degradation and stability, 95(1): 59-65.

KARAYANNIDIS G P, ACHILIAS D S, 2007. Chemical recycling of poly (ethylene terephthalate)[J]. Macromolecular materials and engineering, 292(2): 128-146.

KISIEL M, MOSSETY-LESZCZAK B, FRANCZAK A, et al, 2019. Quantitative analysis of the polymeric blends[J]. Progress in rubber, plastics and recycling technology, 35(2): 75-89.

KISTER G, CASSANAS G, VERT M, et al, 1995. Vibrational analysis of poly(L-lactic acid)[J]. Journal of Raman spectroscopy, 26(4): 307-311.

KOPINKE F D, REMMLER M, MACKENZIE K, et al, 1996. Thermal decomposition of biodegradable polyesters: Ⅱ. poly(lactic acid)[J]. Polymer degradation and stability, 53(3): 329-342.

KRIMM S, LIANG C Y, SUTHERLAND G B B M, 1956. Infrared spectra of high polymers. Ⅱ. polyethylene[J]. The journal of chemical physics, 25(3): 549-562.

LANDSBERG G, MANDELSTAM L, 1928. A novel effect of light scattering in crystals[J]. Naturwiss, 16: 557-558.

LARSEN Å G, OLAFSEN K, ALCOCK B, 2021. Determining the PE fraction in recycled PP[J]. Polymer testing, 96: 107058.

LAUNAY A, THOMINETTE F, VERDU J, 1994. Hydrolysis of poly(ethylene terephthalate): a kinetic study[J]. Polymer degradation and stability, 46(3): 319-324.

LI F B, MEN Z W, LI S, et al, 2018. Study of hydrogen bonding in ethanol-water binary solutions by Raman spectroscopy[J]. Spectrochimica acta Part A: molecular and biomolecular spectroscopy, 189: 621-624.

LI S M, GARREAU H, VERT M, 1990. Structure-property relationships in the case of the degradation of massive poly(α-hydroxy acids) in aqueous media[J]. Journal of materials science: materials in medicine, 1(4): 198-206.

LI S M, MCCARTHY S, 1999. Influence of crystallinity and stereochemistry on the enzymatic degradation of poly(lactide)s[J]. Macromolecules, 32(13): 4454-4456.

LIM L T, AURAS R, RUBINO M, 2008. Processing technologies for poly(lactic acid)[J]. Progress in polymer science, 33(8): 820-852.

LIU Y P, WANG M X, PAN Z Y, 2012. Catalytic depolymerization of polyethylene terephthalate in hot compressed water[J]. The journal of supercritical fluids, 62: 226-231.

LORENZETTI C, MANARESI P, BERTI C, et al, 2006. Chemical recovery of useful chemicals from polyester (PET) waste for resource conservation: a survey of state of the art[J]. Journal of polymers and the environment, 14(1): 89-101.

MAKINO K, ARAKAWA M, KONDO T, 1985. Preparation andin vitro degradation properties of polylactide microcapsules[J]. Chemical and pharmaceutical bulletin, 33(3): 1195-1201.

MCCLURE W F, 1994. Near-infrared spectroscopy the giant is running strong[J]. Analytical chemistry, 66(1): 42-53.

MCMAHON W, BIRDSALL H A, JOHNSON G R, et al, 1959. Degradation studies of polyethylene terephthalate[J]. Journal of chemical and engineering data, 4(1): 57-79.

MCNEILL I C, LEIPER H A, 1985. Degradation studies of some polyesters and polycarbonates: 2. polylactide: degradation under isothermal conditions, thermal degradationmechanism and photolysis of the polymer[J]. Polymer degradation and stability,11(4):309-326.

MISHRA S,GOJE A,ZOPE V,2003.Chemical recycling,kinetics,and thermodynamics of hydrolysis of poly(ethylene terephthalate) (PET) waste in sulfuric acid in presence of phosphoric acid[J].Polymer-plastics technology and engineering,42(4):581-603.

MOHARIR R V,KUMAR S,2019.Challenges associated with plastic waste disposal and allied microbial routes for its effective degradation:a comprehensive review[J].Journal of cleaner production,208:65-76.

MONRABAL B,DEL HIERRO P,2011.Characterization of polypropylene-polyethylene blends by temperature rising elution and crystallization analysis fractionation[J].Analytical and bioanalytical chemistry,399(4):1557-1561.

NIETO J J,2022.Solution of a fractional logistic ordinary differential equation[J].Applied mathematics letters,123:107568.

OBUCHI S,OGAWA S,2010.Packaging and other commercial applications [J].Poly:synthesis, structures, properties, processing, and applications, 1:457-467.

OECD,2018.Improving Plastics management: trends, policy responses, and the role of international co-operation and trade[J/OL].https://www.semanticscholar. org/paper/Improving-Plastics-Management/6c8dfd948278058aebacc12ed36cb559b0c0ab65.

PAN Z Y,CHOU I M,BURRUSS R C,2009.Hydrolysis of polycarbonate in sub-critical water in fused silica capillary reactor within situ Raman spectroscopy[J].Green chemistry,11(8):1105-1107.

PAN Z Y,HU Z C,SHI Y H,et al,2014.Depolymerization of polycarbonate with catalyst in hot compressed water in fused silica capillary and autoclave reactors [J].RSC advances,4(38):19992-19998.

PAN Z Y,SHI Y H,LIU L,et al,2013.Depolymerization of poly(butylene terephthalate) in sub- and supercritical ethanol in a fused silica capillary reactor or autoclave reactor[J].Polymer degradation and stability,98(7):1287-1292.

PASZUN D, SPYCHAJ T, 1997. Chemical recycling of poly (ethylene terephthalate)[J].Industrial and engineering chemistry research,36(4):1373-1383.

PAUL M A, DELCOURT C, ALEXANDRE M, et al, 2005. Polylactide/montmorillonite nanocomposites: study of the hydrolytic degradation[J]. Polymer degradation and stability, 87(3): 535-542.

PICKETT J E, COYLE D J, 2013. Hydrolysis kinetics of condensation polymers under humidity aging conditions[J]. Polymer degradation and stability, 98(7): 1311-1320.

PIEMONTE V, GIRONI F, 2013a. Lactic acid production by hydrolysis of poly(lactic acid) in aqueous solutions: an experimental and kinetic study [J]. Journal of polymers and the environment, 21(1): 275-279.

PIEMONTE V, SABATINI S, GIRONI F, 2013b. Chemical recycling of PLA: a great opportunity towards the sustainable development? [J]. Journal of polymers and the environment, 21(3): 640-647.

PROKHOROV K A, NIKOLAEVA G Y, SAGITOVA E A, et al, 2016. Regularity modes in Raman spectra of polyolefins: part Ⅰ. propylene/olefin copolymers[J]. Vibrational spectroscopy, 85: 22-28.

RAGAERT K, DELVA L, GEEM K V, 2017. Mechanical and chemical recycling of solid plastic waste[J]. Waste management, 69: 24-58.

RAMAN C V, KRISHNAN K S, 1928. A new type of secondary radiation[J]. Nature, 121: 501-502.

RASAL R M, JANORKAR A V, HIRT D E, 2010. Poly(lactic acid) modifications[J]. Progress in polymer science, 35(3): 338-356.

RAVENS D A S, WARD I M, 1961. Chemical reactivity of polyethylene terephthalate. Hydrolysis and esterification reactions in the solid phase[J]. Transactions of the faraday society, 57(1): 150-159.

REBOLLAR E, PÉREZ S, HERNÁNDEZ M, et al, 2014. Physicochemical modifications accompanying UV laser induced surface structures on poly (ethylene terephthalate) and their effect on adhesion of mesenchymal cells [J]. Physical chemistry chemical physics, 16(33): 17551-17559.

RIAZ U, ASHRAF S M, 2010. Characterization of polymer blends with FTIR spectroscopy[J]. Characterization of polymer blends, 1: 625-678.

ROCCA-SMITH J R, CHAU N, CHAMPION D, et al, 2017. Effect of the state of water and relative humidity on ageing of PLA films[J]. Food chemistry, 236: 109-119.

SAGN E U, BÖKE H, ARAS N, et al, 2012. Determination of $CaCO_3$ and SiO_2 content in the binders of historic lime mortars[J]. Materials and structures, 45(6): 841-849.

SAMMON C, YARWOOD J, EVERALL N, 2000. An FT-IR study of the effect of hydrolytic degradation on the structure of thin PET films[J]. Polymer degradation and stability, 67(1): 149-158.

SANG T, WALLIS C J, HILL G, et al, 2020. Polyethylene terephthalate degradation under natural and accelerated weathering conditions[J]. European polymer journal, 136: 109873.

SHEMOURATOV Y V, PROKHOROV K A, SAGITOVA E A, et al, 2009. Raman study of polyethylene-polypropylene blends[J]. Laser physics, 19 (12): 2179-2183.

SIDDIQUI M N, 2009. Conversion of hazardous plastic wastes into useful chemical products [J]. Journal of hazardous materials, 167 (1/2/3): 728-735.

SIKORSKA W, MUSIOŁ M, RYDZ J, et al, 2018. Prediction studies of environment-friendly biodegradable polymeric packaging based on PLA. Influence of specimens' thickness on the hydrolytic degradation profile[J]. Waste management, 78: 938-947.

SUN L, ZHAO Y, SHANG Y J, et al, 2017. The phase stability of terephthalic acid under high pressure[J]. Chemical physics letters, 689: 56-61.

TSUJI H, DAIMON H, FUJIE K, 2003. A new strategy for recycling and preparation of poly(l-lactic acid): hydrolysis in the melt[J]. Biomacromolecules, 4(3): 835-840.

TSUJI H, IKADA Y, 2000. Properties and morphology of poly(l-lactide) 4. Effects of structuralparameters on long-term hydrolysis of poly(l-lactide) in phosphate-buffered solution[J]. Polymer degradation and stability, 67 (1): 179-189.

TSUJI H, SAEKI T, TSUKEGI T, et al, 2008. Comparative study on hydrolytic degradation and monomer recovery of poly(l-lactic acid) in the solid and in the melt[J]. Polymer degradation and stability, 93(10): 1956-1963.

VEERASINGAM S, VENKATACHALAPATHY R, 2014. Estimation of

carbonate concentration and characterization of marine sediments by Fourier Transform Infrared Spectroscopy[J].Infrared physics and technology,66:136-140.

VELIS C, 2014. Global recycling markets: plastic waste. A story for one player China[J].ISWA globalisation and waste management task force,1:1-25.

WANG P X,ZHAN K,WANG X Q,et al,2023.Comparison of NIR and Raman spectrometries as quantitative methods to monitor polyethylene content in recycled polypropylene[J].Polymer testing,119:107938.

WANG X Y,CHEN J Z,2013.Study on depolymerization of polyethylene terephthalate by different alcohols[J].Journal of Zhejiang University Engineering Science,47(5):867-873,917.

WILKIE C A,2005.Polymer degradation and stabilization[J].Polymer news,30(4):120-122.

WILSON E B,1934.The normal modes and frequencies of vibration of the regular plane hexagon model of the benzene molecule[J].Physical review,45(10):706-714.

WINTHER F,MEYER S,NICOLAISEN F M,2002.The infrared spectrum of methylketene[J].Journal of molecular structure,611(1/2/3):9-22.

WOODRUFF M A,HUTMACHER D W,2010.The return of a forgotten polymer:polycaprolactone in the 21st century[J].Progress in polymer science,35(10):1217-1256.

XING Y G,LI X H,ZHANG L,et al,2012.Effect of TiO_2 nanoparticles on the antibacterial and physical properties of polyethylene-based film[J].Progress in organic coatings,73(2/3):219-224.

YANG S Z,MADBOULY S A,SCHRADER J A,et al,2015.Characterization and biodegradation behavior of bio-based poly(lactic acid) and soy protein blends for sustainable horticultural applications[J].Green chemistry,17(1):380-393.

YOSHIOKA T,MOTOKI T,OKUWAKI A,2001.Kinetics of hydrolysis of poly(ethylene terephthalate) powder in sulfuric acid by a modified shrinking-core model[J].Industrial and engineering chemistry research,40(1):75-79.

ZAABA N F，JAAFAR M，2020. A review on degradation mechanisms of polylactic acid：hydrolytic，photodegradative，microbial，and enzymatic degradation[J].Polymer engineering and science，60(9)：2061-2075.

ZHANG H，WARD I M，1995. Kinetics of hydrolytic degradation of poly（ethylene naphthalene-2，6-dicarboxylate）[J]. Macromolecules，28（23）：7622-7629.

ZHAO X，ZHENG Z，CHEN J Z，et al，2024. In-situ experimental study on the hydrolysis and pyrolysis processes of polylactic acid[J].Polymer engineering and science，64(4)：1675-1685.

ZHOU Q，XANTHOS M，2008.Nanoclay and crystallinity effects on the hydrolytic degradation of polylactides[J].Polymer degradation and stability，93(8)：1450-1459.

ZIMMERMAN H，KIM N T，1980.Investigations on thermal and hydrolytic degradation of poly（ethylene terephthalate）[J].Polymer engineering and science，20(10)：680-683.

附　录

附表 1　PLA 在 250 ℃、255 ℃、260 ℃、265 ℃、270 ℃、275 ℃、280 ℃和 285 ℃下的 *a* 轴和 *b* 轴长度

温度	样品轴	时间/min																			
		0	1	2	3	3.5	4	4.5	5	5.5	6	7	8	9	10	11	12	13	14	15	16
T=250 ℃	*a* 轴/mm	0.90	N	0.89	N	N	0.86	N	N	N	0.84	N	0.83	N	0.82	N	0.78	N	0.72	N	0.62
	b 轴/mm	0.70	N	0.70	N	N	0.71	N	N	N	0.72	N	0.71	N	0.70	N	0.67	N	0.60	N	0.52
T=255 ℃	*a* 轴/mm	0.88	0.83	0.80	0.79	N	0.75	N	0.74	N	0.72	0.68	0.65	0.60	0.55	0.49	0.45	0.39	0.31	N	N
	b 轴/mm	0.60	0.63	0.63	0.63	N	0.63	N	0.62	N	0.60	0.58	0.55	0.51	0.46	0.41	0.36	0.31	0.27	N	N
T=260 ℃	*a* 轴/mm	0.82	0.79	0.78	0.77	N	0.77	N	0.76	N	0.73	0.70	0.67	0.62	0.57	0.50	0.42	0.36	0.31	N	N
	b 轴/mm	0.65	0.66	0.66	0.65	N	0.65	N	0.63	N	0.62	0.59	0.56	0.52	0.46	0.42	0.38	0.32	0.26	N	N
T=265 ℃	*a* 轴/mm	0.93	0.93	0.92	0.87	N	0.86	N	0.81	N	0.80	0.75	0.69	0.63	0.56	0.48	0.40	0.33	N	N	N
	b 轴/mm	0.68	0.68	0.68	0.69	N	0.70	N	0.68	N	0.66	0.64	0.60	0.54	0.47	0.41	0.35	0.29	N	N	N
T=270 ℃	*a* 轴/mm	0.77	0.80	0.78	0.75	N	0.71	N	0.66	N	0.56	0.52	0.44	0.38	0.31	N	N	N	N	N	N
	b 轴/mm	0.73	0.69	0.68	0.64	N	0.61	N	0.56	N	0.48	0.44	0.38	0.32	0.27	N	N	N	N	N	N
T=275 ℃	*a* 轴/mm	0.96	0.96	0.93	0.86	N	0.77	N	0.68	N	0.59	0.46	0.35	0.27	0.20	0.19	0.17	N	N	N	N
	b 轴/mm	0.83	0.82	0.80	0.74	N	0.66	N	0.57	N	0.47	0.38	0.28	0.23	0.14	0.11	0.11	N	N	N	N
T=280 ℃	*a* 轴/mm	1.08	1.06	1.03	0.96	N	0.86	N	0.71	N	0.56	0.41	0.29	0.23	N	N	N	N	N	N	N
	b 轴/mm	0.91	0.89	0.87	0.82	N	0.73	N	0.61	N	0.48	0.35	0.25	0.20	N	N	N	N	N	N	N
T=285 ℃	*a* 轴/mm	1.09	1.04	0.97	0.77	0.66	0.53	0.47	0.40	0.33	N	N	N	N	N	N	N	N	N	N	N
	b 轴/mm	0.98	0.88	0.81	0.63	0.56	0.46	0.36	0.34	0.30	N	N	N	N	N	N	N	N	N	N	N

注：N—未测定。

附表 2　PET 在 280 ℃、290、295 ℃、300 ℃、310 ℃、320 ℃和 330 ℃下的 *a* 轴和 *b* 轴长度

温度	样品轴	时间/min																
		0	0.5	1	1.5	2	2.5	3	3.5	4	5	6	7	8	9	10	11	12
T=280 ℃	*a* 轴/mm	0.64	N	0.64	N	0.64	N	0.63	N	0.63	0.62	0.61	0.60	0.58	0.56	0.54	0.53	0.50
	b 轴/mm	0.50	N	0.49	N	0.49	N	0.49	N	0.49	0.48	0.47	0.46	0.45	0.43	0.42	0.40	0.38
T=290 ℃	*a* 轴/mm	0.72	N	0.70	N	0.68	N	0.65	N	0.64	0.62	0.60	0.56	0.53	0.47	0.43	0.38	0.33
	b 轴/mm	0.52	N	0.53	N	0.54	N	0.54	N	0.52	0.51	0.48	0.46	0.42	0.39	0.35	0.31	0.28
T=295 ℃	*a* 轴/mm	0.66	N	0.65	N	0.64	N	0.61	N	0.58	0.54	0.47	0.41	0.35	0.29	0.24	0.16	0.13
	b 轴/mm	0.53	N	0.53	N	0.51	N	0.49	N	0.45	0.41	0.37	0.32	0.27	0.23	0.17	0.15	0.13
T=300 ℃	*a* 轴/mm	0.66	N	0.65	N	0.61	N	0.56	N	0.49	0.40	0.31	0.24	0.19	0.14	0.11	N	N
	b 轴/mm	0.54	N	0.52	N	0.50	N	0.45	N	0.39	0.32	0.25	0.19	0.15	0.11	0.08	N	N
T=310 ℃	*a* 轴/mm	0.75	N	0.72	N	0.67	N	0.58	N	0.45	0.31	0.21	0.12	N	N	N	N	N
	b 轴/mm	0.60	N	0.59	N	0.54	N	0.47	N	0.36	0.24	0.16	0.11	N	N	N	N	N
T=320 ℃	*a* 轴/mm	0.67	0.62	0.54	0.44	0.33	0.25	0.16	0.13	0.09	N	N	N	N	N	N	N	N
	b 轴/mm	0.55	0.51	0.44	0.35	0.25	0.18	0.11	0.06	0.04	N	N	N	N	N	N	N	N
T=330 ℃	*a* 轴/mm	0.57	0.45	0.31	0.23	0.13	0.09	N	N	N	N	N	N	N	N	N	N	N
	b 轴/mm	0.47	0.36	0.24	0.17	0.07	0.07	N	N	N	N	N	N	N	N	N	N	N

注：N—未测定。

附表 2(续)

温度	样品轴	时间/min															
		13	14	15	16	17	18	19	20	21	22	23	24	25	26	27	28
$T=280$ ℃	a 轴/mm	0.48	0.45	0.42	0.38	0.35	0.32	0.29	0.26	0.25	0.20	0.16	0.16	0.14	0.12	0.11	0.11
	b 轴/mm	0.35	0.34	0.30	0.27	0.24	0.21	0.20	0.18	0.17	0.16	0.16	0.15	0.13	0.13	0.11	0.11
$T=290$ ℃	a 轴/mm	0.28	0.24	0.20	0.17	0.15	0.14	0.14	N	N	N	N	N	N	N	N	N
	b 轴/mm	0.24	0.20	0.18	0.14	0.13	0.11	0.10	N	N	N	N	N	N	N	N	N
$T=295$ ℃	a 轴/mm	0.10	0.08	0.07	N	N	N	N	N	N	N	N	N	N	N	N	N
	b 轴/mm	0.11	0.11	0.11	N	N	N	N	N	N	N	N	N	N	N	N	N
$T=300$ ℃	a 轴/mm	N	N	N	N	N	N	N	N	N	N	N	N	N	N	N	N
	b 轴/mm	N	N	N	N	N	N	N	N	N	N	N	N	N	N	N	N
$T=310$ ℃	a 轴/mm	N	N	N	N	N	N	N	N	N	N	N	N	N	N	N	N
	b 轴/mm	N	N	N	N	N	N	N	N	N	N	N	N	N	N	N	N
$T=320$ ℃	a 轴/mm	N	N	N	N	N	N	N	N	N	N	N	N	N	N	N	N
	b 轴/mm	N	N	N	N	N	N	N	N	N	N	N	N	N	N	N	N
$T=330$ ℃	a 轴/mm	N	N	N	N	N	N	N	N	N	N	N	N	N	N	N	N
	b 轴/mm	N	N	N	N	N	N	N	N	N	N	N	N	N	N	N	N